箴言录

名著金库·永恒经典

影响历史进程的经典名著

箴言录

全集

彩图珍藏版

[法]弗朗索瓦·德·拉罗什福科 著

文爱艺 译

北京航空航天大学出版社

图书在版编目（CIP）数据

箴言录：彩图珍藏版 /（法）弗朗索瓦·德·拉罗什福科著；文爱艺译. -- 北京：北京航空航天大学出版社，2019.9

ISBN 978-7-5124-2900-0

Ⅰ. ①箴… Ⅱ. ①弗… ②文… Ⅲ. ①道德修养－箴言－汇编－法国 Ⅳ. ① B825

中国版本图书馆 CIP 数据核字 (2018) 第 295163 号

箴言录：彩图珍藏版

出 版 人：刘小龙
出版统筹：邓永标
责任编辑：曲建文　舒　心
责任印制：刘　斌
装帧设计：郭艺媛　美书坊　爱艺书院
出版发行：北京航空航天大学出版社
地　　址：北京市海淀区学院路 37 号（100191）
电　　话：(010)82317023（编辑部）(010)82317024（发行部）(010)82316936（邮购部）
网　　址：www.buaapress.com.cn
读者信箱：bhxszx@163.com
印　　刷：北京盛通印刷股份有限公司
开　　本：880mm×1230mm 1/32
印　　张：7.5
字　　数：135 千字
版　　次：2019 年 9 月第 1 版
印　　次：2019 年 9 月第 1 次印刷
定　　价：48.00 元

如有印刷质量问题，请与本社发行部联系调换
联系电话：(010) 82317024

目录

Annuaire

Annuaire

路易十三，法国波旁王朝国王（1610—1643年在位）。生于枫丹白露。幼年由其母玛丽·德·美第奇摄政。1615年与同是孩子的西班牙公主、奥地利的安妮结婚。路易十三亲自执政后主要依赖红衣主教黎塞留的帮助，开始了法国的专制统治。1643年5月14日因骑马落水引起的肺炎而去世。

序

序

文爱艺

人心叵测?

是否真如此?

三百多年前，一位具有传奇色彩的法国人在一部名为 *Maximes* 一书中做了至今依然令人回味无穷的解答。

它的中文译本就是拿在你手中的这部书，这个法国人就是弗朗索瓦·德·拉罗什福科（François La de Rochefoucauld，1613—1680），一个法兰西古老家族的后裔，1613 年 9 月 15 日生于巴黎，其父是普瓦图（Poito）省省长，家世显赫，可见一斑。

拉罗什福科 15 岁时与路易十三的一位有权的朝臣之女结婚，并获马西亚克亲王的头衔。16 岁进入军队，很快成为谢弗勒斯（Cherneuse）

公爵夫人的情人，同她一起参与宫中的阴谋，成为王后的同路人。当时法国是黎塞留（Richelieu）红衣主教的天下，柔弱的路易十三容许黎塞留统治他的王国，因此宫廷斗争激烈。年轻的拉罗什福科曾密谋并拟定计划将王后迁至布鲁塞尔，发动武装政变。不料，密谋流产，被黎塞留下令投入巴士底狱。当局对这个容易冲动的年轻人似乎并未过于认真，仅让他尝了一个星期的铁窗滋味。

黎塞留和路易十三相继死后，摄政的是有奥地利血统的安妮（Anne）王太后，她选择马萨林（Mazarin）继承红衣主教之位执政，并且成了他的情妇。拉罗什福科依然与当权者为敌，其间，他爱上了孔代王子的姐姐隆格维尔（Longueville）公爵夫人，并同她生有一子。隆格维尔公爵夫人是投石党中的核心人物；投石党嫉恨中央集权，在1649年引发了内战。期间，拉罗什福科不惜与国王的军队作战，甚至求助于同法国作战的西班牙军队。在同王室军队的作战中，他为招募作战部队而负债累累，使得王后勃然大怒，下令将他在韦尔都邑（Verleuil）的城堡夷为平地。

内战中，拉罗什福科的脑袋挨了一枪，差点儿失明。之后，他怀疑情妇另有所欢，便同她断绝了关系。由于投石党缺乏远见，在5年混战后，被王室的军队平定。隆格维尔公爵夫人被迫进了修道院，拉罗什福科则弃政从戎，重新拿起了武器，成为为新国王路易十四而战的士兵。新王宫为他提供了平静生活的舞台，在那里，他颇受敬重，尽管他已无意在政坛上驰骋。不打仗的时候，他就消磨在法国特有的沙龙中，德·拉斐特（La Fayette）夫人成为他的新情妇，在她的沙龙中，

《乡村节日》 克洛德·洛兰(1600—1682)绘

克洛德·洛兰(1600—1682),法国古典主义风景画的奠基人。生于法国南锡,自幼家境贫寒,13岁左右流浪到罗马,跟随当地一名叫塔西的人学画,后定居罗马。他的风景画富有诗意,带有传统色彩,颇受上层社会的欢迎。他在美术史上的突出贡献是把风景画提升到了重要的位置,并开创了一种崭新的艺术风格。他的代表作还有《海港的落日》《艾萨克和利百加的婚礼》等。1639年,教皇乌尔班八世订购了洛兰的几幅风景画,其中就包括这幅洛兰的代表作。

他与莫里哀、布瓦洛、波舒哀、高乃依、拉·封丹时常会面,谈文论赋,他们也愿意接受他的"合理的"悲观主义,欣赏他的谈吐。他们评价他:"是一位颇有才智之人,足以在国是中担当大任。"可惜他的运气不佳,在政坛上并没有什么大的作为,但这并不妨碍他成为一位沙龙明星。

1664 年，他的言论被好事者以《道德之警句箴言》（*Maximes; suivies des Réflexions diverses*）之名在荷兰出版发行，在巴黎引起轩然大波。尽管此书仅是从作者的书信及流传的言论中辑录而成，漏洞百出，但依然成为众之所爱。

法国国王路易十四在聆听科学家的建议

1665 年，作者亲手编订了一套完整可靠的版本发行，一时畅销至极，甚至惊动了远在雅典的克里斯蒂娜（Christime）王后。1666 年，他又做了第二次修订，之后，他又分别修订了 3 次。

1667 年，他患了痛风病，不得不离开部队，此时他已 54 岁，不幸接踵而至，1670 年，他的妻子离世，1672 年其母又离他而去，两个儿子战死在强攻莱茵河的争渡中，长子在此役中身负重伤。1679 年，其情妇隆格维尔夫人也不幸亡故。

1680 年 3 月 17 日，他在拉斐特夫人的守护下与世长辞，结束了他传奇而又浪漫的一生。

尽管《箴言录》篇幅短小，但语言简洁明快，文笔生动优美，表达准确传神，犀利的笔触直击人的灵魂。其版本之多、影响之大波及至今。从诞生之日起，就产生了两种极端的评价：翻译者认为他揭露了人性之恶，是剖析人类行为动机的经典之作；反对者指责他败坏了道德。无论哪一种声音，都不否认它是值得一观的书。它的生命恰与它的篇幅成反比。

《箴言录》被译成各种文字在全世界流行，影响了一代又一代的文化名人，诸如司汤达（1783—1842）、马克思（1818—1883）、哈代（1840—1928）、尼采（1844—1900）、纪德（1869—1951）、爱因斯坦（1879—1955）、鲁迅（1881—1936）等，这个名单可以轻松地罗列下去，而且在民间广泛流行，成为格言警句，融入到人类进步的血液之中。

《箴言录》并不是我们时常所见的那些集结在一起的警句格言，它没有高高在上的训诫式的语言，而完全出于作者亲身体验后的深刻思考，是心灵之悟、心声之语。它既没有展示建立所谓思想体系的企图，更没有张扬某种教派主义的意向，它仅仅是分析、描述、揭示、袒露，除此之外，你稍加留意就会从它独特而又优美的文字间（无论它被译成何种文字，只要译者忠实原著）感知到热情，尽管它是以情不自禁的忧虑和失望的语调显现出来，但无不展示出对人的热爱。他的感叹，并不是出于对人性之恶的鼓励，而是出于对人性之恶的忧患："看看你们的脸吧，还有多少污迹没有擦干！"（引自《文爱艺诗集·1998—1999年卷·雨中花》）

《箴言录》所展示的精妙之悟，需我们展卷领悟。来吧，跳过我这乏味之序，进入其中吧。

爱你，就该指出污迹所在！这就是此书的内核。

2009年3月1日匆匆草于襄樊市襄城檀溪路15号儿文中午睡时

2018年5月22日第9版重修于襄阳

2018年5月28日第9版又改于上海

2018年5月29日第9版再改于苏州

2018年6月14日第9版定稿于苏州

2018年9月30日第9版再校于长沙

《金星从海上升起》 莫罗（1826—1898）绘

古斯塔夫·莫罗（Gustave Moreau，1826—1898），法国象征主义画家。他的作品多以神话和圣经故事为题材，以明亮的色彩效果和充满梦幻的激情著称。对亨利·马蒂斯、乔治·鲁奥等画家颇有影响，是抽象表现主义的先驱。

代表作有《雅歌一景》《幽灵》《朱庇特与塞墨勒》《命运女神和死亡天使》等。

他的大多数作品都收藏在家乡巴黎的古斯塔夫·莫罗博物馆。

致读者

1678 年终结版序

现在奉献给您的这部《格言反思集》[①]是新修订的第五版，增加了一百多条新的箴言，意义也比第四版更为深远了。公众对它的溢美目前已经超过了我能为它说的好话，并且，如果它的确如我所认为的那样（我有充分的理由相信确实如此），则人们对它所做的没有什么比它们更需要赞美了。在此我要提醒大家两件事：一件是人们并不总是把“利益”这个词仅仅理解为财产方面的利益；另一件（这正是所有思考的基础）是作者仅仅考虑的那些本性被罪孽腐蚀的处于可悲状态下的人，因此，这些谈论融入在表面道德中的种种缺陷的语句中，与上帝以一种特别的恩惠而眷顾的人无关。

这些思考之语，你可以从排列的顺序中，毫不费力地对它做出判断，但不一定能明了其中的目的，因为这些思想所论及的都是不同的主题，虽然有一些相同的主题，但由于担心影响阅读，我并不认为有必要连贯地安排它们；然而，你还是可以从后面的索引[②]中得到一些帮助。

译者注

①
原书名为 *Maximes*；*suivies des Réflexions diverses*，直译是《格言及各种反思》，通常名为 *Maximes*，即《箴言录》
②
这些索引对纯中文本的读者帮助不大，故略去不译，待出中法对照文本时再恢复

箴言录

第五版

1678年终结版

我们称赞的美德不过是乔装打扮的恶行！

拉·封丹

拉·封丹（1621—1695），法国著名寓言诗人。拉·封丹的寓言善于借用现成的民间故事情节，运用诗的语言进行再创造。他的寓言诗对17世纪法国社会上的丑陋现象进行了大胆的讽刺。拉·封丹的寓言诗与伊索寓言、克雷洛夫寓言诗一起构成了世界寓言作品中的三座丰碑。

1

我们认为的美德，只不过是利益在机遇和计谋驱使下的结果。男人成为勇士并不都是因为勇敢，女人成为贞女也并不都是因为贞节。

2

世间最为自得之情莫过于自爱。

3

在自爱的国度里，无论人们发现什么，它依然是一个未知的领域。

4

自爱比世上最精明的人还要狡诈。

5

生命终结了，我们的激情才会休止。

6

激情时常使人疯狂，也使蠢汉瞬间精明。

7

那些令人眼花缭乱的伟大之举，被政治家们自诩为深谋远虑之果，其实不过是性格和激情使然。奥古斯特（Auguste）与安东尼（Antoine）之争，人们将其归咎于他们争霸世界的野心，其实仅仅源于嫉妒。

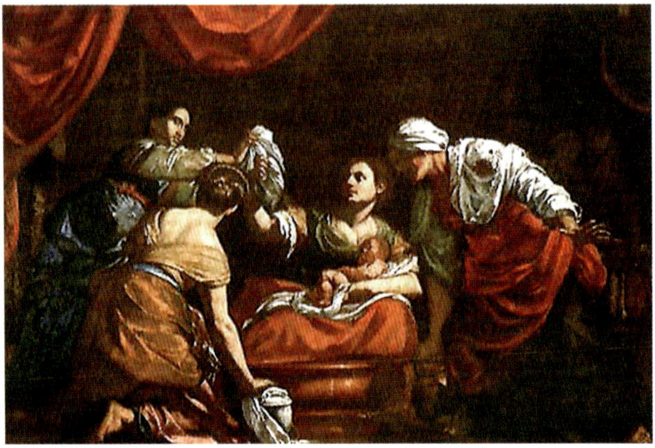

《童贞女得子》 西蒙·武埃（1590—1649）绘

《童贞女得子》是传统的《圣经》故事画，武埃使这一“神圣”情节更加世俗化，而且以富裕人家的闺房为背景，与宗教背景相距甚远。所谓“童贞女得子”，是指耶稣降生的事。经书上说耶稣的母亲马利亚是因为受圣灵而感孕的，马利亚就是耶稣唯一的肉身长辈的亲人。画上描绘马利亚生下耶稣后，正由家人为婴儿端汤沐身的时刻。童贞女生子的记载，最初见于《马太福音》和《路加福音》，2世纪时，被基督教会普遍承认，壁画题材也应运而生。后来这一信条推演成教义，说马利亚从受孕、分娩到生下耶稣，毕生都是童贞，说她从未受分娩之苦。所以画上的马利亚不像是产后的妇女，她毫无疲惫与病容。此画约作于1615—1620年间，现归罗马传教士圣弗朗西斯科·A.里帕私人收藏。

8

激情是唯一始终能令人心悦诚服的演说家。它似乎赋予主人以天然的技艺，其规则永远准确无误；最普通的人，一旦拥有激情，也比最雄辩者更能说服人。

9

激情不讲理，而且自私，因而任由激情摆布是非常危险的，即使在它显得最具理性时，也要对它高度戒惧。

《画家及其家人》 拉吉利埃(1656—1746)绘

尼古拉·德·拉吉利埃(1656—1746)是接受佛兰德斯传统的法国肖像画家。他的艺术活动处在17 世纪向18 世纪过渡的时期。那个时期的上层人物喜欢让画家把自己画得像个国王那样器宇不凡。这可能是专制时代里一种“摆阔”的审美心理的反映，画家们也乐此不疲；这与某些专为路易十四和上层贵族们画肖像的画家如里戈等的画风也有一定关系。就在那个时代里，拉吉利埃描绘的肖像却是巴黎的中产阶层人物。这幅《画家及其家人》是以风俗性格调来展现美满的家庭成员的。画上是画家本人、画家妻子和画家女儿。女儿，娇小可爱，右手以戏剧般的手势，似乎在介绍她的父亲，她左手拿着张纸条，上有乐谱。左边是画家，戴着假发，侧身而坐，脸朝观众，呈休憩姿态。他与斜坐着的妻子正好相对。妻子身上的绸裙与丈夫身上的天鹅绒上衣，构成强烈的色彩对比。背景宽阔，似乎人物都置身户外，其实是添画上去的。

10

在人的心灵中，激情绵延不绝，一种激情的消逝，意味着另一种激情的诞生。

11

激情往往事与愿违。正如吝啬导致挥霍，挥霍始致吝啬；人们时常因软弱而坚强，因怯懦而勇敢。

12

无论人们怎样煞费苦心地用虔诚和光荣的外衣把激情掩盖起来，激情总会透过这些虚伪的面纱昭然若揭。

13

被人指责趣味低下，比之被人谴责言行不当，更能挫伤自尊心。

14

人们不仅易于忘恩负义、饮恨吞声，甚至恩将仇报、认敌为友。在他们看来，有恩必谢、有仇必报竟是一件难以承担的苦役。

15

君王们的宽厚仁慈只不过是笼络人心的手段。

16

这种被人们视为美德的宽厚仁慈，其动机有时是虚荣，有时是懒惰，有时是恐惧，几乎所有的情形皆为三者合一。

17

幸福者的谦和，源于好运赐予他们心境的宁静。

18

谦和是一种陶醉于幸福中的人惧怕招致嫉妒和轻蔑的情绪，因为嫉妒和轻蔑总会降临于此。谦和只不过是精神力量的无谓炫耀。一句话，这只不过是走运的人想表明：他们比自己的幸运更伟大。

19

我们每个人都有足够的力量承担别人的痛苦。

20

智者的沉稳只是将烦躁不安隐藏于心的一种手段。

21

那些被判死刑的人，有时看起来镇定自若、蔑视死亡，其实他们内心对死亡充满了恐惧。所以人们说这种镇定和蔑视只不过是他们心理上的蒙眼布，自欺欺人而已。

22

哲学可以轻而易举地战胜昔日和未来之困，而今日之痛却战胜了哲学。

23

很少有人经历过死亡。面对它，人们并不坚定，而是惊恐和麻木，更多的人是因为感到死亡是个不得不接受的现实。

《新生儿》 拉图尔（1593—1652）绘

乔治·德·拉图尔（Georges de La Tour,1593—1652），法国画家。以宗教和反映日常生活的风俗画的作品而闻名。《新生儿》是拉图尔艺术成熟期最富代表性的作品之一，它与《木匠圣约瑟》《油灯前的抹大拉》，可谓代表拉图尔艺术的三巨作。《新生儿》一画已避免了以往光的切割性弱点，以其严谨的结构和光的分析性表现而著称。圣母被画成农家产妇的朴素形象，圣安娜则是这个家庭中的一个长辈，或一个助产的邻居女子。光源来自她的左手所持的一支蜡烛，她用右手挡住了蜡烛的火苗，使画面光源似乎是从新生儿的头上射出的，照亮了两个妇女的胸部与脸部。显然，画家在光色设计上费了一番苦心。构图的严谨性原是法国古典主义的传统，然而这里的写实性又略带风格主义的特色，因此在这幅画上，既有古典主义的宁静，也渗透着风格主义的色彩装饰效果。此画作于1650年，现藏法国雷恩博物馆。

24

那些所谓的伟人被持续不断的厄运击垮时，人们才发现，支撑他们的力量，仅仅是野心，而不是他们的心灵。除去满脑子的虚荣之外，英雄和普通人并没有什么不同。

25

承受好运比直面厄运更需要美德。

26

太阳和死亡，皆不可视。

27

人们常常以激情，甚至是罪恶的激情为荣，但对嫉妒这种可耻、不可告人的激情，却矢口否认。

28

自私的心理从某种意义上说还是公平合理的，因为这只不过是想保有属于自己或自以为属于自己的东西，而妒忌则是一种不能忍受别人幸运的愤怒。

29

善举往往比恶行更能招致憎恨和迫害。

30

我们能做的其实比我们想做的要多得多，但我们却时常为自己找借口说，这些事情我无能为力。

31

如果没有缺点，我们就不会因为发现别人的缺点而感到快乐。

32

怀疑萌生猜忌，直至达到确信的程度，或化为愤怒，或烟消云散。

33

骄傲总能为之找到理由，甚至在抛弃虚荣之后也如此。

34

如果不怀有骄傲之心，就不会抱怨骄傲之人。

35

骄傲之心皆有，表现方式及手段不同而已。

36

造物主如此巧妙地安排我们身体里的各种器官，使我们获得幸福的同时，也令我们自负，以消除自身不完美的痛苦。

37

我们对犯错之人进行规劝时，自负之心多于善良意愿。这种规劝，与其说是为了纠错，还不如说是为了证明：我可没有犯这样的错。

38

因希冀而许诺，因恐惧而履约。

39

人被利益驱使，什么话都敢说，任何角色都能扮演，甚至可以把自己扮成一个大公无私者。

40

利益既使人盲目，又令人眼明。

41

专注小事者，大事必无能。

42

对理智，人人皆心有余而力不足。

43

受人摆布时，总以为自己在自行其是；头脑里想着奔向目标，心却不由自主地飘向远方。

44

精神旺盛或委靡之说不妥，所指仅针对身体器官之优劣而已。

45

我们情绪的反复无常远远甚于命运的变幻莫测。

46

哲学家对生命的眷恋或冷淡，不过是他们自爱心理有所不同而已。对此我们无须深究，如同我们无须争论味蕾或色调的优劣。

47

命运赐予的一切，都由我们的心态来评判。

48

幸福在人的心境之中，而不是在事物里面。我们幸福，是我们感到拥有自己之所爱，而不是拥有他人之所爱。

49

人们从未拥有过自己想象中的那种幸福，也从未遭遇过自己想象中的那种不幸。

50

自视甚高的人以身处逆境为荣，他想使别人或自己相信：他有足够的力量战胜厄运。

《发舟西苔岛》 华多(1684—1721)绘

华多的艺术年代，是法国从路易十四过渡到路易十五的摄政时期的年代。这个时期由于法国对工商业与文化实行奖励政策，资本主义的经济发展较快，文学艺术也蓬勃向上。名震欧洲的大剧作家如高乃依、拉辛、莫里哀、拉·封丹等，都是此时法国文坛的风云人物。他们崇尚古典主义，但不守严格的理性规范。尤其在路易十五时代，艺术上有一种名为“洛可可风格”的时髦倾向，渐渐取代了普桑时期流行的那种很讲究对称的巴洛克风格。洛可可风格几乎侵袭了宫廷贵族精神生活的一切领域，不论是绘画、雕塑，还是宫殿装饰、家具与服饰，无不以这种洛可可风格为风尚。这就是画家华多的时代背景。华多即属于法国洛可可绘画的前期代表。

《发舟西苔岛》描写一群贵族男女，梦寐以求地幻想有一个无忧无虑的爱情乐园。西苔岛是希腊神话中爱情与诗神游乐的美丽岛屿。华多尽情描绘贵族男女准备出发去那里访问的情景。既然那是个行乐的天地，画家就以蔚蓝色大海为背景，远望烟波浩渺，使人展开渴求这种环境的幻想翅膀。这里的构图是一个充满诱惑的幻景，所绘的大自然也充满诗意。金色的霞光普照大地，这些贵族情侣在等待依次登上缀满鲜花的彩船，他们是那样迫不及待，有的相互搂抱，有的忙着挤上去。灿烂的阳光清楚地显现出这些醉生梦死的贵族男女的调情动作。

由于这幅画画得很成功，华多于 1717 年 8 月 28 日被法兰西艺术院接纳为院士，从此，声望日隆。

51

最尴尬的事，莫过于昔日自己赞成之事，此时必须由自己加以否定。

52

无论人们的命运如何悬殊，祸福总是互为消长，最终使大家的运气不相上下。

53

不管天赋如何，英雄皆是天赋巧遇机缘的结果。

54

哲人蔑视财富，这是深藏于心的对不公正命运的报复。他们出类拔萃，而命运却使他们陷入困顿，他们只能以此保证自己不至于因此堕落：这既不失身份，又能不依赖财富而获得尊敬。

55

仇视受宠者，其实是渴望受宠。失宠的怨恨，可以通过对受宠者的蔑视得到缓解。由于无法剥夺受宠者令人尊敬的东西，人们只能自己拒绝这种尊崇。

56

为了在世上获得成功，人们就竭力装出已经成功的样子。

57

尽管人们极力夸耀自己伟大的成就，其实这一切的获得不过是机缘巧合，并非谋划的伟大结果。

58

我们的所作所为看似充满了幸与不幸，其实人们的褒贬就取决于此。

59

再不幸的事，智者也能从中获益；天大的好事，愚者也能把它弄糟。

60

命运总是赐予它的宠幸者。

61

幸与不幸不仅取决于性格，更取决于各自的机遇。

62

真诚就是敞开心扉，这极为罕见。而常见的真诚不过是企图赢得他人信任的一种伪饰。

63

厌恶谎言，不过是出于一种不易觉察的欲望，意在使其话语充满

《欧罗巴》 克洛德·洛兰（1600—1682）绘

克洛德·洛兰（1600—1682）法国画家，卒于意大利罗马。他有极高的绘画天赋，取得了很高的成就，自他开始，法国才有了真正意义上的风景画。主要作品有《乌尔苏拉登船远航》《欧罗巴被劫》《中午》《帕里斯的评判》《有舞者的风景》等。

这位匠心独具的法国风景画家，自从被法王路易十四命为凡尔赛宫作画以后，他的画室成了欧洲名流们光顾的场所。洛兰平步青云，他的财富随着荣誉而来，当时他画的要价，开口便是百金。面对这种突然的富贵机运，他没有改变自己的生活方式。他一直同两个从洛林家乡接来的侄儿生活在一起。

1651 年，他收养了一个名叫阿涅丝的私生女做女儿。作为一个出身贫寒的艺术家，始终能保持善良朴素的品质，也为后人所传诵。

这幅《欧罗巴》，除了旷野与海滩外，没有任何建筑物，仅海口处有一座残留的碉堡，海上有数艘清晰可见的帆船。人物画得很小，在整个风景中不甚显目，至多是一种点缀而已，油画的主调仍是自然景色的抒情因素。欧罗巴是神话中所说的腓尼基王阿革诺耳的女儿，一次与其姐妹卡德摩斯等人去野外郊游，见到一头美丽的白牛，她便好奇地骑到白牛背上。岂知白牛是天神宙斯的化身，因见欧罗巴美丽，才变成白牛骗她到背上，并把她劫持到克里特岛，最后与她生下了弥诺斯。这幅画在光色技法上有特殊的表现意义。

洛兰的光色处理一直是后人崇尚的技法，英国风景画大师透纳就非常倾慕他。洛兰还是法国印象主义在光色画法上的先驱者。

力度，从此得到人们的尊崇。

64

真相成就的好事在世间很少，假象在人间造成的恶果却很多。

65

人们对“审慎”从不吝惜赞美之词,然而哪怕在最小的事情上,“审慎”也不能使我们感到放心。

66

精明之人善于把利益控制得井然有序，但是由于贪婪而急于求成，以致其仅获取了蝇头小利，却痛失了获取厚利的良机。

67

优雅之于体态，犹如良知之于思想。

68

很难给爱情下定义，我们能说的是：在灵魂中，爱是一种占支配地位的激情；在精神上，它是一种感应；在身体方面，它是我们对掩藏在重重神秘后面、被我们所爱的一种隐秘的羡慕和优雅的占有。

69

如果情感不掺杂任何别的因素，那么它就是潜藏在我们心灵深处、甚至连我们自己也浑然不觉的爱。

70

爱情无法隐藏，就像它不可能长期伪装。

71

当爱情消失，几乎所有的人都会为曾经有过的爱情而感到羞耻。

72

若根据爱情的效果评判，爱情则似仇恨之处多，似友谊之处少。

73

从未有过私情的女子容易找到，只有一次私情的女人却难以寻觅。

74

真正的爱情只有一种，但其复制品却不计其数。

75

爱情如火，一旦停止就会熄灭。如同不再希望或不再担忧失去，爱情也就到此完结。

76

爱犹如精灵，人人都在谈论，却从没有人见过。

77

人们把形形色色的男女交往称为“爱情”。而实际上，这些交往中爱情所占的元素，并不比总督对威尼斯的事儿知道得更多。

78

对大多数人而言，热爱正义不过是他们害怕遭受不义。

79

沉默是缺乏自信者的最佳选择。

80

友情之所以多变，是因为识才易，知心难。

81

除了合意的事物之外，其实我们什么也不爱。当我们爱朋友胜于爱自己时，那也只是出于兴趣和喜好。然而，正是靠这种情意，友谊才得以真实、完美。

82

向敌人妥协，只不过想改善自己的条件：出于对战争的厌倦，或对不测事件的忧虑。

83

友谊不过是一种社交活动，一种彼此利益的安置与互助而已。归

《希望、爱情与美的受扼》 西蒙·武埃（1590—1649）绘

武埃是国王路易十三的首席宫廷画师。路易十三与宰相黎塞留主教命他监理巴黎好几座王宫的装饰,《希望、爱情与美的受扼》是宫廷装饰巨画之一。希腊神话中的梦神俄耳甫斯原是睡神许普诺斯的儿子、死神塔那托斯的侄子。这个形象象征生命的休憩、欲望的停止，在艺术作品中常被描绘成长有双翼的老人。这个令人讨厌的神话形象，给世间带来的只是梦。由于他的作用，人间不再祈求希望、爱情和美，只要梦就满足，女神们找到俄耳甫斯后，就联合向他袭击。女神吹响了号角，唤醒众神，去打退这个扼制人类一切美好希望而耽于睡眠的梦神。两个女神抓住俄耳甫斯的红色与白色披肩，给画面增添色彩的热烈气势。武埃的许多壁画几乎都被毁坏了。此幅画现藏于比利时布鲁日的贝里美术馆内。

根结底，它是一种交易，双方总是企图从中捞点什么。

84

不信任朋友比被朋友欺骗更不光彩。

85

我们自以为爱人，其实，唯有利益产生友谊。我们与朋友倾心相交，并非为了谋其利，而是希望从中得到回报。

《独角兽》 莫罗（1826—1898）绘

独角兽在古代传说中是纯洁的象征，代表少女的贞操。画中描绘的是在一个神奇的天国里，纯洁的少女与洁白无瑕的独角兽相伴嬉戏，组成美妙的理想世界。画中人物衣着饰物描绘精细，环境风光十分简略，甚至带有几分抽象。

86

提防证明了欺骗。

87

人若不尔虞我诈，将不可能在社会中长久生存。

88

朋友们的优良品质在我们心目中的位置，与我们从他们那里获得的满足度成正比。我们根据彼此的相处方式来判断其价值。

89

人人都为自己的记忆力不强而遗憾，从没有人抱怨自己的判断力欠佳。

90

在生活交往中，招人喜欢的往往是缺点，而不是优点。

91

最大的野心，是在遇到绝对无法逾越的障碍时，表面上也绝对不露声色。

92

要使自高自大的人醒悟过来，就如同让那位以为所有到港船舶都是他的雅典疯子醒悟过来一样白费心机。

93

老年人喜欢说教，为的是自己无法再成为坏榜样而自慰。

94

伟大的称号不仅无法振奋这些不自爱者，反而令他们退得更远。

95

奇才就是连那些最嫉贤妒能的人也不得不赞颂不已的人。

96

所谓忘恩负义之徒，其忘恩负义之义所受到的谴责少于施于他的恩惠。

97

认为智慧和洞察力是两个完全不同的概念是错误的。洞察力是智慧之光，无处不及，穿透一切，见及所见之物，领悟无解之解。我们不得不承认：一切洞察力皆源于智慧之光。

98

人人都说自己心地善良，但无人敢言自己智慧超群。

99

精神高雅源于真、善、美。

100

所谓巧慧就是以惬意之语表达奉承之意。

101

常常如此：完美之事皆非尽功之举。

102

精神免不了是心灵的受骗者。

103

了解人的思想并不能认识人的心灵。

104

观察点各有不同，为获取正确的判断，有时需近观，有时则需远看。

105

偶然懂理的人，还不能称之为理性的人。理性的人应是：不仅能够认识、辨别理性，而且还能检验理性。

106

要想正确了解事物，必须明了细节，而细节可以说是无限的，因而我们获得的认识始终是肤浅而不完全的。

《不要问我》 劳伦斯·阿尔玛－塔德玛（1836—1912）绘

劳伦斯·阿尔玛－塔德玛(Lawrence Alma-Tadema，1836—1912)受封为劳伦斯爵士(Sir Lawrence)，荷兰裔英国画家。这幅画表现的是一位年轻的女子拒绝青年求爱的片段，青年看上去不无遗憾地吻着姑娘的手，殊不知姑娘暧昧的眼神早已透露了心里的秘密：拒绝，不过是恋人之间玩的矜持的把戏；接受，才是真正两厢情愿的结果。

107

夸耀自己从不卖俏，本身就是“卖俏”。

108

理性并不能长久地扮演心灵的角色。

109

青年人的兴趣随血液的热度起伏，老年人趣味持久则是习惯使然。

110

人给任何东西都没有像给劝告那样慷慨。

111

男人越是钟爱自己的情妇，也就越接近于恨她。

112

才智上的缺陷就如同脸上的皱纹，随年龄而增加。

113

有好的婚姻，但绝不存在完美的婚姻。

114

我们无法忍受被敌人欺骗、被朋友出卖，但对自己欺骗自己、自己出卖自己，则感到心满意足。

115

骗人而不为人所知很难；相反，自欺而不自知很易。

116

再也没有比求教和给人忠告更不真诚的事了：求教者对朋友的意见表现出一副唯命是从的样子，其实只不过是想要对方赞同他的意见，为他的打算提供担保；而那些给人劝告者则表现出一副热情无私的样子，尽管所提出的忠告，不过是想从中寻求自身的利益和荣耀。

117

最狡猾的诡计是巧妙地伪装自己已经堕入他人设置的陷阱，因为再也没有比正在骗人的人更容易被骗的了。

118

永不骗人的美好愿望常常招致我们自己被骗。

119

我们习惯于在别人面前伪装自己，以至于我们也常常被自己蒙蔽。

120

背叛通常源于懦弱，很少出于预谋。

路易十四

路易十四（Louis XIV，1638—1715），全名路易·迪厄多内·波旁（Louis—Dieudonne），自号太阳王（le Roi Soleil），波旁王朝法国国王、纳瓦拉国王。在位长达72年，是在位时间最长的君主之一，也是有确切记录在欧洲历史中在位最久的独立主权君主。路易十四登基之初，由他的母亲奥地利的安娜摄政，1661年法国宰相红衣主教马扎然死后他才开始真正亲政。在红衣主教阿尔芒·让·迪普莱西·德·黎塞留和马扎然的外交成果的支持下，路易十四在法国建立了一个君主专制的中央集权王国。他把大贵族集中在凡尔赛宫居住，将整个法国的官僚机构集中于他的周围，以此强化法王的军事、财政、机构的决策权。他建立的绝对君主制一直持续到法国大革命时期。他成为西欧霸主，但战争负担又使他亲手缔造的伟大形象的超高民气在晚年丧失殆尽。

吹肥皂泡的女孩

121

行善常常是为了不受惩罚地作恶。

122

我们能抗拒激情的诱惑，并非因为意志坚强，而是因为激情不够火热。

123

人只剩下自吹自擂、自我陶醉这点儿乐趣了。

124

看上去，那些最精明的人一生都在谴责阴谋诡计，但在紧要关头，他们常常会毫不犹豫地为自身利益而施展阴谋诡计。

125

惯施诡计者多为庸才，在此处得逞，在彼处必暴露无遗。

126

诡计和背叛，都是无能之举。

127

受骗的真正原因在于自以为比别人聪明。

128

过分的精明是愚蠢，真正的聪明是一种不露声色的精明。

129

为避免受骗，装傻不失为精明之举。

130

懦弱是人唯一难以改正的缺点。

131

沉迷于做爱的女人，最微不足道的缺点就是爱做爱。

132

对别人理智易，让自己清醒难。

133

能让我们看出平庸之作中荒谬之处的抄本，才是忠实的抄本。

134

假装出来的样子总是比人的本性更为滑稽可笑。

135

人有时会变得完全像自己，就如同不像他人那样。

136

有些人如果不是听人谈及爱情，也许永远也不会坠入爱河。

137

虚荣心停息时，人是寡言少语的。

138

人喜欢诉说痛苦，而不喜欢默默承受。

《获救的小皮瑞斯》 普桑（1594—1665 年）绘

尼古拉斯·普桑（INicolas Doussin 1594—1665 年），17 世纪法国巴洛克风格最具代表性的画家，在这幅画里，他借由背景中对古代雕像的描绘来传达对往昔风光的幻想。

画面上出现众多人物变化，包括人物的大动作，人物的恐怖、惊愕，或是绝望、期待、喜悦、感恩等各种不同的情感，充分表现出巴洛克风格中的激烈性和华丽感。

139

交谈中我们很难遇到通情达理和令人愉快的人，这是因为：几乎没有人不是只想着自己想要说的话，而不愿确切地回应对方。即使那些机敏者和献媚者，也仅是摆出一副全神贯注的样子，从眼睛里仍透露出神不守舍、急于转念去谈自己想要说的话。他们并不认为如此既不能取悦于人，又不能使人信服，甚至连自己也无法从中获得满足。他们不明白，认真倾听、好好地回复，才是交谈应采取的最好方法。

140

如果没有愚者陪衬，聪明人常会感到英雄无用武之地。

141

我们常常自夸，而从不感到有什么不妥，并以不屑与无良之辈为伴而深感荣耀。

142

智者，讲话言简意赅；愚者，则滔滔不绝。

143

溢美之词，与其说是出于对他人才能的夸奖，不如说是出于对自己意见的尊重。当我们去赞扬别人时，其实内心是想获得赞扬。

144

人并不喜欢赞扬他人，无利可图是不会夸奖别人的。赞扬是一种精明、隐蔽、巧妙的奉承，它能使赞扬者和被赞扬者都感到满足。被赞扬者感到自己的确有才能，赞扬者借此让人看到自己如此公正无私，独具慧眼。

145

我们经常使用含沙射影的方法赞扬人，其目的是使人从被赞扬者的身上，看到我们不敢以其他方式揭露的缺点。

146

通常，我们赞美他人仅是为了获得赞美。

147

精明到喜欢逆耳忠言胜过顺耳佞语的人是不多见的。

148

有些责难实为赞扬，有些赞扬却是诽谤。

149

拒绝赞美其实是想再次获得赞美。

150

希望获得赞美，只需提高自己的品行；而我们对智慧、才能和美的赞颂则有助于增强我们的德行。

151

控制他人易，避免受制于人难。

152

如果我们不自吹自擂，他人的奉承就无法侵蚀我们。

153

天然赐予资质，机遇成就业绩。

154

命运改正了许多我们理性所无法更正的缺点。

155

有的人虽有才，却令人厌恶；有的人虽有毛病，却讨人喜欢。

156

有些人的全部价值在于说一些有益的蠢话和做一些有用的蠢事。如果改变他们的行为，反而会把一切都弄糟。

157

那些承负盛名的大人物，其荣誉须以他们攫取此誉的手段来衡量。

《劫夺萨宾女人》 普桑（1594—1665 年）绘

《劫夺萨宾女人》是法国画家尼古拉斯·普桑于 1637-1638 年间创作的油画，现藏于纽约大都会美术馆和法国卢浮宫。

这幅画是普桑最杰出的作品之一，表现了一个古罗马的故事。题材源于古罗马传说。罗马执政罗慕洛建立了罗马城，建城以后性别失调，城中缺少妇女，影响了罗马的发展。罗慕洛千方百计吸引周边城市的妇女，但收效甚微。跟邻邦萨宾人商量联姻，但遭到对方拒绝。于是，罗慕洛搞了一个阴谋活动。他邀请附近城市萨宾的男女参加一个喜庆日，待喜庆活动正在进行时，罗慕洛命令罗马的士兵赶走萨宾城的男人，任由罗马城的男人抢夺萨宾城的妇女。作品中，画中的人物，搏斗挣扎，充满激情。左侧一外罗马壮汉抱住一位萨宾妇女，那女人四肢乱动，力图从壮汉的臂膀中摆脱出来。右边一个老人死死抱着一个狂暴的罗马士兵，企图阻止他去杀害掉在地上的婴儿。婴儿的母亲，那个可怜的萨宾妇女，已经被推倒在地，但她仍用双臂企图阻挡赤裸着上身的凶残的屠杀者。站在建筑物高处的指挥官，身披红色大氅，威风凛凛，像一座古希腊的雕像，冷静地观察着这一场野蛮的劫掠。画家赋予这一情节一种英雄主义的气概，塑造人物的风格沿袭了罗马文艺复兴时期大师的传统。

尼古拉斯·普桑（Nicolas Poussin，1594—1665）是 17 世纪法国巴洛克时期重要画家，也是 17 世纪法国古典主义绘画的奠基人。

他崇尚文艺复兴大师拉斐尔、提香，醉心于希腊、罗马文化遗产的研究。普桑的作品大多取材于神话、历史、宗教故事。画幅虽然不大，但是精雕细琢，力求严格的素描和完美的构图，人物造型庄重典雅，富于雕塑感；作品构思严肃而富于哲理性，具有稳定静穆和崇高的艺术特色，他的画冷峻中含有深情，可以窥视到画家冷静的思考。

158

奉承是一枚假币，只能靠虚荣心得以流通。

159

仅有才能还远远不够，必须善于运用才行。

160

无论多么辉煌的行动，如果不是出于崇高的目的，便不能被视为伟大。

161

只有行动和目的一致，才能产生行动所需的效果。

162

平庸之辈善于谋划利用自己的资质，常常比真才实学者更能获取尊敬。

163

很多行为表面上看起来滑稽可笑，其深藏的动机却是聪颖可靠的。

164

对自己从未从事过的职业表现出能够胜任的模样，要比胜任自己正在从事的工作更为容易。

165

贤者尊重我们的才能，大众仅敬仰我们的名望。

166

人们奖赏的常常是才能的外表，而非才能本身。

167

与慷慨之士相比，吝啬鬼其实并不会理财。

168

希望，无论它有多么大的欺骗性，它至少能通过一种令人感到惬意的方式，引领我们走完生命的漫漫长路。

169

我们因懒惰和怯懦而不得不恪守本分时，德行却意外地不断受到褒扬。

170

很难判断一个干净利落、诚实正当的行动是出自正直，还是源于精明。

171

一切美德莫不导向自利，犹如一切河流皆归入大海。

塞维涅夫人

塞维涅夫人（1626—1696），法国书信作家。其作品生动、风趣，反映了路易十四时代法国的社会风貌，被奉为法国文学的瑰宝。

所著《书简集》反映当时宫廷和上层贵族生活，为17世纪法国古典主义散文的代表作。

当拉罗什福科不打仗的时候，就涉猎文学。作为塞维涅夫人和拉斐特夫人的密友，他常常参加她们的沙龙活动，沙龙里的人非常欣赏他的谈话和他“合理的”悲观主义。

他着手编写《箴言集》和一本关于投石党运动的秘史，该书在荷兰出版后，在巴黎引起一场轩然大波。

《箴言集》初版于1665年公开发行。

思想界的才俊们——包括瑞典的克利斯蒂娜王后，对这部作品进行了广泛的评论。

172

仔细剖析后果，你会发现，它更多的是想逃避义务而非舍弃利益。

173

有各种各样的好奇心：一种是因利而起，它总想知道什么对自己更为有利；另一种则是好胜心驱动，它让我们想知道别人所不知道的事情。

174

理智最佳的运行方式是：不幸降临时能帮助我们承受不幸；不幸未至时能有效地预测它。

175

爱情的专一其实是一种永恒的不专一，它令我们的心依附在所爱之人的所有品格上，时而爱此种品质，时而又更爱另一种。因此，这种专一只不过是对同一对象的固定不变的、深藏不露的变易。

176

爱情的忠贞只有两种：一种是不断地从所爱之人的身上发现新的可爱之处；另一种则是希望获得忠贞不渝的美名。

177

韧性既不值得赞扬，亦无须谴责，因为这只不过是一个人趣味和情感延续度的长短而已。此种特质既无法摆脱，亦无法获取。

178

我们喜欢结交新朋友，并不是因为厌倦了老朋友，而是熟人面前无英雄，我们渴望从新朋友那里获得更多的赏识。

179

我们有时随意地抱怨朋友，为的是在日后的相处中让他们知道：我随便惯了。

180

有些人懊悔，并不是对做的坏事有多么内疚，而是担心不幸降落到自己的头上。

181

有一些人无主见是因为思想轻率或秉性软弱，任何人的观点他都能接受；另一些人无主见则是因为他们对事物感到厌倦，这似乎情有可原。

182

邪恶是美德的一部分，正如毒素是良药的一部分。谨慎调制，可以用来治疗人生的疾苦。

183

我们应当承认：人最大的不幸是被罪恶压倒，这是德行的光荣。

184

我们认错为的是，以我们的真诚来弥补错误给人们精神上所造成的伤害。

185

邪恶有邪恶之枭雄，善良亦有善良之好汉。

186

我们并不轻视有缺点的人，但蔑视所有毫无德行之徒。

187

德行带来的好处并不比恶行获益少。

188

意志并不比体健更可靠，尽管你清心寡欲，但仍有被情欲征服的可能，其危险度并不亚于体健时突然患病。

189

从诞生的那一刻起，人性就确立了善恶的范围。

190

只有大人物才有可能犯下滔天大罪。

攻打巴士底监狱

巴士底狱始建于14世纪，原是一座防御外来侵略的军事要塞。它由8个巨大的塔楼组成，塔楼之间由高24米、宽3米的城墙相连，城墙上筑有枪眼，配置重炮；四周环绕一道宽26米、深8米的壕沟，只有吊桥与外面连接，被视为一座固若金汤的城堡。塔楼高100英尺，围墙很厚，上面架着15门大炮，大炮旁边堆放着几百桶火药和无数炮弹。它居高临下，俯视着整个巴黎，活像一头伏在地上的巨兽。

从16世纪起，巴士底狱逐渐失去军事要塞的作用，成为一个禁锢政治犯的重要监狱。胆敢反对封建制度的人，大都被监禁在这里。巴士底狱成了法国专制王朝的象征。

《箴言录》的作者曾在1629年参与了反对黎塞留的阴谋活动，被黎塞留下令投入巴士底狱。

191

可以说，恶行就等待在我们人生的必经之路上，就像旅店老板总站在门口迎候客人一样，并且，即使我们被获准在同一条道路上走两次，我们仍无法避免这迎候的恶行。

192

当恶行离开我们时，我们就自吹自擂，说是我们摆脱了罪恶。

193

灵魂的疾患如同肉体的疾患一样，会复发。我们自以为痊愈，其

《花神的凯旋》 普桑（1627—1628 年）绘

实仅是病发的间歇或病变转移。

194

灵魂的缺陷恰似肉体上的创伤，无论你怎样地细心疗养，疤痕永远存在，并且随时都有重新裂开的可能。

195

我们之所以能避免沉溺于一种恶行，是因为我们还存在诸多的其他恶行。

196

当我们的错误不为人所知时，我们很容易觉得它们是不存在的。

197

有这样的人，若不是亲眼所见，我们绝不可能相信他们会作恶；其实，这没有什么值得大惊小怪的，因为他们也是人。

198

我们过分渲染某些人的荣誉，其实就是为了贬低另外一些人的光荣。如果不想得罪孔代亲王殿下（路易十四时期，“王公投石党之乱”的首领。译者注）或蒂雷纳元帅（路易十四时期的朝臣。译者注）的话，最好不要赞扬他们中的任何人。

199

想表现精明的欲望，其实恰恰遏止了精明。

200

没有虚荣心相伴，德行就走不了多远。

201

以为自己了不起而无须求之于人者是愚蠢的；而自以为别人离不开他，没有他就不行的人，更是愚不可及。

202

掩饰错误，是假诚实；认识并坦承错误，是真正的诚实者。

203

真正的诚实者绝不会自我炫耀。

204

女人的端庄是她们为自己增色的脂粉与面霜。

205

女人忠贞往往是她们爱好名声或喜好宁静的结果。

206

总是乐意把自己袒露在诚实人的面前，才是真正的老实人。

207

在我们的一生中，疯狂如影相随。如果有人表现出了理智，那只不过是他的疯狂与他的年龄和运气相称而已。

《丘比特的诞生》 弗洛尔（Maitre de flore）绘

弗洛尔（Maitre de flore）画师活动时期约稍后于枫丹白露画派的兴盛期。丘比特就是希腊神话中的爱神厄洛斯。他是爱情的播种者，凡被他的金箭射中的，就会在心中产生爱情。这里描绘的是阿芙洛蒂特（即维纳斯）生育小爱神厄洛斯的时刻。卧房里热闹非凡，许多天使前来祝贺，智慧与美惠女神也向她道喜。神话故事变成一幕宫闱产儿的场面，浓艳的色调铺叙得相当俗气。女裸体被定型化了，形象显得做作，缺乏美的感染力。

208

表面糊涂之人，其实心里很明白，只不过他们善于巧妙地运用自己的糊涂而已。

209

毫无疯狂之念的人，未必像他们自己想象的那么聪明。

210

在衰老过程中，我们更加愚蠢，同时，也更加理智。

211

有些人就像流行歌曲，只能传唱一时。

212

大多数人评判他人的标准是：知名度和财富。

213

爱荣誉、怕羞耻、梦想发财、奢求安逸、喜好贬损他人，这一切造就了人人皆知的所谓“英勇”。

214

对于普通士兵而言，英勇作战是其为谋生而从事的危险职业。

215

绝对的勇敢和彻头彻尾的怯懦是极端的，都很少见，介于两者之间的地域是广阔的，它容纳了各种各样的勇敢，其千差万别，并不比人的面孔和人的性格少。有些人在行动一开始即全身心地投入其中，之后，就很轻易地松懈下来，终至气馁；有些人，一旦获得荣誉，即沾沾自喜，再也不思进取;有些人无法控制自己的恐惧;有些人往前冲，是因为他们不敢待在自己的阵地上；有些人小风险冒多了，反而增强了冒大风险的勇气；有些人不害怕刀剑的锋芒，却害怕火枪的弹影；另一些人面对火枪镇定自如，面对刀剑却胆战心惊。所有这些不同形式的勇敢，都符合这样一种心态:黑暗增添了恐惧，也掩盖了好坏之举，从而给了行动的自由。更为常见的是另外一种谨慎的做法，因为很少有这样的人，明知可以置身事外，明哲保身，而仍竭力去行动。由此可见，对死亡的恐惧，令英勇气概失去了光彩。

216

绝对的勇敢，拿不出可以向世人展示的证据。

217

无畏是一种非凡的精神力量，它能使人在危急关头不慌乱、不紧张、不激动。正是这种力量，使得英雄们在突如其来或险象环生的事件中保持清醒的头脑，从而自如地运用他们的理性。

218

伪善是邪恶向美德表示的敬意。

219

大多数人在战斗中表现英勇，是为了获得荣誉；但很少有人愿为计划外的成功冒险。

220

虚荣心、羞耻感，尤其是气质，是男子的价值所在，对女人而言则是美德之所在。

221

人都不想失去生命，而想要获得荣誉，因此，那些勇士在逃避死亡时所表现出来的灵活与机智，远胜于那些一心想保住财产的律师。

222

进入中年之后，几乎所有的人都感到身体和精神进入无法避免的衰退期。

223

感激之心犹如商人的信誉，以维系正常的贸易。我们偿清债务，并非为了兑现诺言，而是为了能获得再次借贷的机会。

224

偿还了人情债，不能因此就吹嘘自己知恩图报。

年轻人愚蠢了，只是对自己不利；而老年人愚蠢了，就会以自己的年纪来压迫比他年轻的人服从他的愚蠢。这是多么可悲啊！

225

施恩待报中出现的问题，是源于报恩者与施惠者各怀傲慢，无法就恩惠量取得一致的结果。

226

过于急切地偿清人情债是一种忘恩负义。

227

走红的人是不会自己纠正自己的。当错误能给他们带来好运时，他们会更加觉得自己不错。

228

自负之人不爱占有，自利之人则不喜欢付出。

229

我们从他人处获得利益，就不得不接受他们给我们带来的伤害。

230

再也没有比榜样的力量更有感染力了，我们所做的大善大恶无不互为仿效。模仿善举是出于好胜之心，效法恶举是人类的本性如此：这种恶本来是由人的廉耻之心压抑着的，是榜样的力量释放了它们。

尤勒·马萨林（1602—1661）绘

尤勒·马萨林（1602—1661），又译马扎然，法国外交家、政治家，国王路易十四时期的宰相（1643—1661）及红衣主教。

231

希望仅靠一己之力变聪明，纯属妄想。

232

无论我们给悲痛找出何种托词，但引起悲痛的不过是利益和虚荣。

233

痛苦中存在各种各样的虚伪，其中一种就是借口哀悼某个去世的亲人而哭泣，其实是在哭我们自己，惋惜失去了他对我们的好感、我们的利益、快乐和报酬的遗失。因此，死者虽得到了哀荣，但眼泪却是为生者而流的。我说这是一种虚伪，是因为人在这种痛苦中是在自己欺骗自己。另一种虚伪就不那么简单了，因为他欺骗的是大众，以悲痛捞取他们渴望的荣誉。时间已经冲淡了一切，真正的痛苦已经消逝，但他们仍没完没了地哀叹、哭泣，毫不节制。他们表现出悲哀的模样，是想让人相信：他们的悲痛直至生命的终结。这种可怜而又令人讨厌的虚荣之心通常存在于有野心的女人身上。因为她们的性别阻挡了她们通向荣耀的道路，只能用这种无法释怀的悲痛使自己声名远扬。还有一种眼泪，无由之泪，易流，又易干。哭，为了获得怜悯，博取温柔善良之名，甚至还有的是不哭就不好意思。

234

人们顽固地对立，更多的是源于骄傲，而不是因为无知。他们发现正确的一方最好的位置已经坐满，他们又不愿排在末尾。

235

安慰朋友们的不幸是很容易的，尤其是当这些安慰有助于表明我们对他们是仁慈的时候。

236

自尊之心似乎很容易上善良的当，当我们为别人的利益而工作时，自尊之心好像忘记了自己的存在。当然，这才是为达到目的而走上的最为稳妥的捷径，它以奉献之名放高利贷，这是最为狡猾的一种手段。

237

无力为恶之徒，也无力为善，其他所谓善举不过是懒惰无为、意志无能的行为而已。

238

就多数人而言，过多的善举比一味地行恶更危险。

239

迷信名人其实比骄傲更为自负，因为人们常把这种信赖视为自己才能的一部分。实际上，它是虚荣心或不能守约的结果。

240

可以这样说，与美貌迥异的魅力，出自一种目前未知其规律的匀称，是人的总体特征、肤色和风度的一种神秘和谐。

241

爱调情是女人的天性，但并非所有的女人都调情，因为有些女人被羞怯或理性压抑住了。

242

人总在自以为不会妨碍别人的时候妨碍他人。

玛丽·德·美第奇像

玛丽·德·美第奇（1573—1642）是法国国王亨利四世的王后，路易十三的母亲。她是意大利豪门美第奇家族的重要成员。

1610年亨利四世遇刺后，玛丽·德·美第奇摄政。她与首相黎塞留发生激烈冲突。玛丽的第三子奥尔良公爵加斯东于1619年发动叛乱以支持母亲。然而一切努力均被黎塞留挫败，玛丽几乎被儿子路易十三驱逐，只是由于黎塞留玩弄手腕，她才被允许在昂热拥有一个住处，后来又得以返回宫廷。1630年，玛丽再次企图推翻黎塞留，失败后逃往贡比涅。她接着逃到布鲁塞尔，最后去了科隆。1642年，玛丽在贫困中于科隆去世。

《木匠圣约瑟》(作于1645年，现归南特博物馆收藏)虽然画的是宗教题材(木匠约瑟是圣母马利亚的丈夫)，但画上所表现的却是现实生活里一个终日艰苦劳动的农民形象。画中木匠的形象十分高大，有顶天立地之感，他躬下身子，正在给一块木桩钻孔，在一个小孩秉烛照耀之下，老木匠的头部刻画得很好。显然，他的岁数已很大了，还在干着这种力不从心的体力活。

《木匠圣约瑟》 拉图尔(1645年)绘

243

无法做到的事情其实是很少的。实现它，我们缺乏的不是方法，而是耐心。

244

精明之至在于洞悉事物的根本。

245

深藏不露才是精明之至。

246

看似慷慨之举，其实深藏着野心，它以蔑视小利而获大利。

247

大多数人的忠诚，仅仅是为获取他人信任的一种手段。这种手段既抬高了我们的身价，又成为机密的拥有者。

248

清高蔑视一切，为的就是拥有一切。

249

声音、眼神和表情的说服力并不亚于精心策划的雄辩。

250

真正的雄辩在于把应该说的都讲出来，并且只讲应该说的。

251

有些人因缺点而得势，另一些却因优点而失宠。

252

趣味易变，屡见不鲜；癖好改变，实为罕见。

253

恶行、善举，利益之为也。

254

谦恭往往是一种伪装的顺从，人们利用它来使人服从自己，这是骄傲的诡计，通过降低自己达到抬高自己的目的。骄傲的形式虽然千变万化，但没有任何一种方法比这种谦恭面孔下的招数更具隐蔽性和欺骗性。

255

一切情绪的表达，都各具其特有的声调、姿态和表情。正是其表现的好与坏、协调与否，决定了此举是令人喜欢，还是招人厌烦。

256

在所有职业中，每个从业人员都装出一副特有的面孔和表情，让人相信：他就是这个样子。可以说，这个世界不过是由各种伪装的面孔构成的而已。

257

严肃庄重的神态，只不过是人发明出来的一种手段，专门用于掩饰人内心的真情实感。

258

品味大多出自判断力，而非理性。

259

爱情的乐趣在于爱，这种存之于心的体验比激发此情更为幸福。

260

礼貌是希望别人以礼回报，同时又想让人感到自己彬彬有礼。

261

人们通常给予青年的教育，不过是另一种自爱的激励。

262

任何一种激情都没有在爱情中所表现出来的自私那么强烈；人都是随时准备牺牲所爱之人的宁静，而不想失去自己的宁静。

263

慷慨，不过是一种虚荣心。它的虚荣程度远远超过了所赐之物。

264

怜悯之心因他人之痛而生，而怜悯的却是我们自己的痛苦。这是对我们今后可能会陷入同样痛苦的一种预见。我们对他人施以援助，其实是为了今后在相同情形下，他人也能给予我们相同的援助。说穿了，不过是提前为自己所做的安排。

265

心胸狭隘使人固执，导致我们无法相信视线以外的东西。

《路易十四像》 亚森特·里戈（1659—1743年）绘

法国从17世纪开始在绘画中尤重肖像艺术。里戈的肖像画代表着一种巴洛克式风格，特别是这幅著名的《路易十四像》，一直被美术史家们奉为他一生近400余幅肖像中的上乘之作。这位盛装的国王正非常严肃认真地摆着姿势，让画家刻意描绘。当然，我们相信这种姿势不可能摆上几个小时。要认真捕获此时此刻的精神状态，就要凭画家非凡的记忆力和想象力，这也是此幅肖像成功的重要条件。里戈淋漓尽致地描绘出这位最高权力者的戏剧般的姿态，他那一身负荷过重的帝王礼服及其精细的织物质感，实在描绘得太高明了：他右手支撑在权杖上，帝冕放置在后面一张矮桌上。国王不想把这些具有权力象征的东西放在离他太远的地方，为了处理好构图，平衡色彩的关系，画家有意把桌围与国王的礼服取同一花纹，以利画面色调的稳定。正如法国美术史家皮埃尔·弗朗卡斯泰尔所说的，他几乎“把行将结束的17世纪的全部排场、全套风格都表现出来了”。此画约作于1701年，现存巴黎卢浮宫。

266

如果认为存在一种诸如野心和爱情那般的激情可以战胜其他激情，那就大错特错了。譬如懒惰，尽管软弱无力，却时常占据生活的主导地位，破坏所有的计划以及生活中的一切行动，在不知不觉中摧毁耗尽我们的激情和德行。

267

未经认真地审查就轻易认定罪行，是傲慢和懒惰的表现。这些人只想找到罪犯，而懒于查实罪行。

268

我们时常为一些蝇头小利而回避法官，却甘愿让那些出于忌妒，或因成见，或缺乏智慧而与我们迥然相异的人来评价我们。为了让他们说好话，我们不惜手段，甚至袒露我们的隐私和我们的生活。

269

没有人能明智到认清自己所做过的一切坏事。

270

已经获得的荣誉，是再次获誉的保证。

271

青春是一种持续不断的陶醉，是理性之狂热症。

272

对那些已经获得盛誉的人而言，再也没有比他依然借助于鸡毛蒜皮的小事来显示自己的价值更易贬损他的声誉的事了。

273

一些在人间倍受赞扬的人，他们的全部才能不过是一些投机取巧的处世之道而已。

274

爱情上的新鲜乐趣，犹如果实上的鲜花，虽然光艳迷人，但稍纵即逝，永不再现。

275

性本善，无论被夸耀得多么神圣，往往一点小利的诱惑就会使之崩溃。

276

别离减弱了一般的激情，却使火热之情更为激荡，犹如风既能吹灭烛火，也能使火焰更为浓烈。

277

女人常常在已经不爱的时候，仍自以为还在爱。偷情、甜言蜜语所引发的情感波澜、被爱的欲望以及遭到拒绝时的痛苦，这一切都使

《花神的节日》 弗洛尔 1526 年绘

法国在 16 世纪时的宫廷艺术是以意大利风格为楷模的。1526 年，法王法兰西斯一世决定选择巴黎郊区的枫丹白露原来那幢中世纪式样的猎苑居宅及其周围的别墅为王室休息地，并力主按意大利风格重建王宫。他邀请了意大利著名的风格主义画家罗索·费奥伦蒂诺、弗朗契斯柯·普利马蒂乔与尼科洛·德尔·阿巴特三人，以他们为核心，招聘了另一些意、法设计家、画家与雕塑家。历史上把这些具有特定宫廷趣味的群体，称之为“枫丹白露学派”。在史学家中有人不承认法国有一个“枫丹白露画派”，说它实际上只不过是“荷兰与意大利绘画的大杂烩”。弗洛尔画师（此人只有一个诨号，真名实姓无从查考）属于枫丹白露画派中的后起之秀。他的画法既有意大利风格主义萨托的遗风，又有佛兰德斯的色彩影响。《花神的节日》取材罗马神话中有关司花、青春与青春乐趣的女神的典故。花神是古罗马萨宾人的农业崇拜神之一。为了纪念她，每年 4 月 28 日至 5 月 3 日，民间要过花神节，在节日里举行多种娱乐活动。此时男女情绪高涨，还参加放纵的竞技。人们用玫瑰来点缀自己和动物，妇女穿上鲜艳的服装。在绘画花神中一般是被描绘成年轻貌美的女子，手持花束，或处在花丛中。这里画家以裸体形象展示。她在玫瑰树下，头上与身上都佩饰玫瑰花朵，左手倚在装满玫瑰的花筐上，周围许多小天使为她摘花。红白二色的玫瑰花撒落在地上。

她们相信爱情是存在的。其实这只不过是在自作多情、卖弄风骚而已。

278

那些调解人之所以令人厌恶，是因为他们总是为了调解成功而牺牲朋友的利益，这是他们的职业性质使然：只要调解成功，一切都好。

279

我们夸大朋友对我们的体贴照顾，与其说是为了表达感激之情，不如说是为了从中获得赞许。

280

我们盛赞那些刚刚涉世的人，是因为人们对那些在社会上有所成就的人心怀嫉恨。

281

骄傲既能激发我们的嫉妒之心，又能在恰当的时候平复它。

282

有些谎言伪装得很巧妙，以至于我们无法决断，还以为自己的判断力出了问题。

283

有时候，听取忠告，并不亚于自己思考。

284

恶人，若无善举，危害反而更小。

285

“高尚”的意义很明确，其实它仍是一种骄傲，一种正当的骄傲，是通向被颂扬的最为冠冕堂皇的途径。

286

我们不可能再次爱我们已经不爱的人。

287

我们在解决问题时，会想出很多种解决办法，这并非想象力丰富的结果,而是我们缺乏智慧。它使得我们犹豫不决,失去敏锐的辨别力。

288

有些事情或疾病，在不恰当的时候处理或治疗反而会使其恶化，明智之举是应该明了适当的处置时机。

289

伪装的单纯是一种巧妙的欺骗。

290

性格上的缺陷，比精神上的缺陷更多。

291

人的才智犹如水果，自有其季节性。

292

可以说人的性格犹如建筑，外观不同，有些看起来舒服，有些却令人生厌。

293

节制并不能抑制或克服野心，因为两者无法并存。节制是精神的怠惰虚弱，而野心则是精神活力的动力之源。

294

我们总是喜欢那些崇拜我们的人，却不喜欢我们崇拜的人。

295

我们其实并不了解我们的愿望。

296

我们很难爱上我们一点也不尊重的人，但爱那些远胜于自己的人更难。

297

体液在我们的身上有规律地流动着，悄然推动并左右着我们的意志。它们不停地运动，神秘地支配着我们，在我们的所有行为里，起着不能忽视的作用，我们对此却并不明了。

298

大多数人的感激之情，不过是一种想得到更多恩惠的隐秘欲望。

299

几乎所有的人都乐意偿还琐碎的小小的人情债；很多人对小恩小惠也都心怀感激；对于大恩大德，几乎没有人不忘恩负义。

300

疯狂之举，会像传染病一样蔓延。

301

很多人蔑视财富，但很少有人把它赠与他人。

302

通常，在价值不大的事情上，我们才有勇气不被假象迷惑。

303

不管人们如何当面夸赞我们，我们并未从中学到什么新东西。

304

我们时常原谅那些令我们讨厌的人，却无法原谅讨厌我们的人。

《爱情的终极》 约翰·埃弗里特·米莱斯（1829—1896）绘

约翰·埃弗里特·米莱斯（John Everett Millais，1829—1896），19世纪英国画家，是拉斐尔前派的三个创始人中年龄最小、才华最高的一位（其他两位是亨特和布朗）。他出生于南埃普顿，幼年就表现出非凡的绘画才能。10岁时，他的绘画就获得了艺术协会颁发的银质奖章。当时他的个子还没有讲台高，只能站在凳子上领奖。两年后，他进入皇家美术学院，以后多次获奖，并在18岁那年获得金质奖章，是学院公认的高材生。米莱斯的艺术以扎实的写实功力、鲜亮的色彩和略带伤感的浪漫情调为特点。米莱斯的绘画注重写生，常常在题材上注意道德观念的宣传。除了宣传一种宗教道德观念以外，还充满着感伤的情绪，这在他的一系列作品如《奥菲丽亚》《赦免状》《鸽子返回方舟》《盲女》中表现得十分明显。其作品题材涉猎广泛，以描绘浪漫历史场景和孩童为主题的作品居多，还为维多利亚王朝许多显贵画过肖像。他的技法精致，风格华丽，很受欢迎。《爱情的终极》创作灵感来自乔治·梅芮迪斯（1828—1909）的一首诗，诗中叙述一个青年和他热恋的法国公主一起出逃，当他们逃到山顶时，青年人发现恋人已在途中死亡。米莱斯将一对热恋的情人描绘在美丽但险恶的山崖上，被恋人抱起的死去少女的柔美衬托出对他们的悲剧性命运的无限感伤。

305

时常被人们指责为万恶之源的利益，却往往因为我们处置得当而受到赞许。

306

当我们还能帮助人的时候，我们是不会遇到忘恩负义者的。

307

享有个人荣誉是正常的，同他人共享荣誉则十分可笑。

308

人类的中庸之道，虽抑制了那些大人物的野心，也使平庸之辈安于现状而碌碌无为。

309

有些人注定就是蠢材，他们不仅通过自己的抉择做蠢事，而且命运也迫使他们犯傻。

310

人生中有很多意外之事，需要佯装糊涂才能脱身。

311

如果这个人的身上毫无可笑之处，那仅是我们没有仔细观察他而已。

312

情人在一起从不感到厌倦，那是因为他们总是在谈论自己。

313

我们能记住我们所遇之事的每一个最小细节，却记不住我们曾把这些细节跟某人说过多少次。

314

我们陶醉在夸夸其谈的快意之中时，能否顾及一下受众的感受，也让他们获得乐趣?

315

通常阻碍我们向朋友袒露心扉的原因，并不是我们对朋友不信任，而是我们自己不相信自己。

316

懦弱之人不可能坦率。

317

施惠于忘恩负义者并非是什么不幸，受恩于小人才是人生之大灾祸。

《哀悼圣塞巴斯提安》 乔治·德·拉图尔（1593—1652）绘

乔治·德·拉·图尔（Georges de la Tour，1593—1652）法国画家，17世纪卡拉瓦乔主义艺术的代表。这位以“夜间画”闻名的法国画家，被历史湮没了200多年之久。他重新被发现，据说全凭本世纪三篇新发现的文章，文章的作者就是与拉图尔同时代的神父米歇尔·德·马罗尔、18世纪本笃会修士唐·卡尔梅和19世纪考证学家乔利。他的艺术灵感取自法国东北部洛林地区。画家在37岁创作此画时还未出现拉图尔后来形成的个人风格，在处理夜间烛光照明效果的画法上，尚带有一定程度的表面性，明暗关系暴露出一种机械划分的痕迹，只不过显示了他对这种色彩表现出强烈兴趣，并且已付诸实行了。

318

我们可以想方设法治愈疯病，却无法改变一个人的习性。

319

如果经常轻率地谈论朋友和恩人的缺点，我们就无法再对他们怀有应有的感情。

320

盛赞君王们并不具备的德行，其实就是在用不受处罚的方式责骂他们。

321

我们宁肯爱那些恨我们的人，也不愿接受那些过分爱我们，使我们受不了的人。

322

只有卑鄙之人担心遭受蔑视。

323

我们的智慧和我们的财产一样，都受命运的支配。

324

妒火，多燃于自尊之心，而极少出自爱情。

325

对于创伤，理性无力安抚我们的伤痛，怯懦却能安慰我们的心。

326

笑人者比受辱者更不体面。

327

我们承认有小缺点，仅仅是为了让人相信我们没有大错误。

328

嫉妒比仇恨更难和解。

329

人们有时自以为讨厌奉承者，其实只是厌恶奉承的方式而已。

330

只要还在爱，就能获得原谅。

331

幸福之时比冷遇之时更易不忠。

332

女人并不完全知晓自己的调情能力。

333

女人本性善良，除非她们心生憎恨。

334

让女人不卖弄风情，比让她们克制情欲更难。

335

在爱情中，欺骗总比猜疑走得更远。

336

有这样的一种爱情，在极致的爱中遏止了嫉妒的产生。

337

有些好品质就像感觉一样，不具备这种品质的人，既无法感知它们，也不能理解它们。

338

仇恨过于强烈，就会损害我们自己，使我们变得比我们所憎恨的人还要卑劣。

339

我们时常根据自尊心的强弱来感觉自身的优劣。

《油灯前的抹大拉·玛利亚》拉图尔（1593—1652）绘

拉图尔（1593—1652）长期被人遗忘，他的许多作品曾经被人误以为别人的手笔。20世纪30年代，因为三篇关于新发现的文章，拉图尔才重新被发现，美术史上的这一页重新被改写，恢复了本来的面目。

拉图尔世俗绘画以宗教题材为主，擅长表现夜间蜡烛光线下的人物，人称“夜间画”。拉图尔的这种画给人以神秘感，深受当时教会的欢迎。

《油灯前的抹大拉·玛利亚》描绘了曾经做过妓女、现在为自己的过去忏悔的抹大拉的玛利亚。画面上主人公正陷入沉思，一只手托着下巴，另一只手抚摸着一个头盖骨。画面上唯一的光源是烛光。年轻的妇女从黑暗中显现出来，脸部被烛光照耀着，画面上的大部分细节都被统一在大面积的棕色之中，背景简练，表现出一种神秘奇特的效果。到了路易十四时期，这种“夜间画”已不合国王追求“光明”的口味，拉图尔的艺术就自然地不合潮流了。他的这种强烈的明暗画也就没有了后继者，因此逐渐被后人淡忘。

《海伦娜·弗尔曼》 鲁本斯（1577—1640）绘

彼得·保罗·鲁本斯（Peter Paul Rubens，1577—1640）生于德国的锡根，卒于安特卫普。17 世纪的佛兰德斯艺术风格受到法国路易王朝趣味的影响转向奢侈华丽。绘画上出现了一位独特的天才画家，他既是佛兰德斯巴洛克式风格的开创者，还是民族绘画风格的继承发扬者，他就是被誉为“画家之王”的天才画家鲁本斯。

鲁本斯有着很高的绘画素养，他的肖像画赞扬了富有感性的生命力，融合了佛兰德斯及威尼斯画派的表现手法，以表现人物的肉体及精神的力量为基点，迸发出奔放的激情。《海伦娜·弗尔曼》画的是画家的妻子。鲁本斯的绘画对于佛兰德斯的绘画乃至整个西方绘画的发展都具有重大意义。

17 世纪后期，法国巴黎的皇家美术学院出现了鲁本斯主义；18—19 世纪的法国画家华多、德拉克洛瓦、雷诺阿等都受其影响。他是 17 世纪以来最伟大、最有影响力的画家之一。

340

大多数女人的才智，只会使她们更加疯狂，而非更加理智。

341

同老年人的冷漠相比，年轻人的激情更符合常理。

342

母语不仅居于语言之中，更抵达人的心灵深处。

343

要想成为一个伟大人物，就必须善于抓住并且利用一切机遇。

344

同植物一样，我们都具有某种潜在的特质，它总在偶然的机遇中勃发。

345

机缘使别人认识了我们，也使我们更加认识了自己。

346

如果女人的脾气不好，那么她们的思想和心灵便没有什么东西可控制了。

347

除了与我们意见一致的人，再也找不到通情达理的人了。

348

人在恋爱的时候，往往对无疑之事生疑。

349

爱情最伟大的奇迹是，它能消除故作姿态和卖弄风情。

350

令人生气的是，这些要手腕的人自以为比我们聪明。

351

当人们不再相爱时，分手是痛苦的。

352

跟那些不许别人厌烦的人在一起，我们倍感厌倦。

353

正常人可能会像疯子一样去爱，但绝不会像傻瓜那样去爱。

354

有些缺点，如果处理得当，比美德还要耀眼。

路易十三　巴黎　卢浮宫

路易十三（Louis XIII，1601 年 9 月 27 日—1643 年 5 月 14 日）法国波旁王朝第二任国王（1610—1643 年在位）。亨利四世长子，生于枫丹白露。幼年由其母玛丽·德·美第奇摄政。1615 年与同是孩子的西班牙公主奥地利的安妮结婚。路易十三亲自执政后主要依赖红衣主教黎塞留的帮助，开始了法国的专制统治（1627 年拉罗歇尔之围的胜利是转折点）。在其统治期间，欧洲爆发了一场决定性的争霸战争——三十年战争（1618—1648），即欧洲最强大的两个国家，法国波旁王朝与伊比利亚和德意志的哈布斯堡王朝之间的最后较量。最终法国取得胜利，结束了长达三个世纪的哈布斯堡王朝霸权，成为新的欧洲霸主。1643 年 5 月 14 日，路易十三因骑马落水引起的肺炎去世。

酒神巴库斯和阿里阿德涅

酒神巴库斯是宙斯和卡德摩斯的女儿塞墨勒的儿子，塞墨勒被雷电击死，巴库斯成了孤儿，先为宙斯收养，后为伊诺和瑞亚教养，教他打猎并驯服狮虎豹为他拉车。有一天巴库斯驾车出游，突然看到少女阿里阿德涅立在海边的岩石上。阿里阿德涅是宙斯和欧罗巴的孙女，她曾帮助雅典王的儿子忒修斯杀死害人的弥诺陶洛斯，并深深地爱上了忒修斯，但命运女神拒绝他们的爱情，这使阿里阿德涅十分伤心，她看着自己所爱的人远航离去。痛苦之际，巴库斯满怀激情地来到她身边，这是命运女神的安排，他们相爱了。画家着意描绘这一见钟情的场面，巴库斯纵身从坐车上飞向阿里阿德涅，成为画面的突出中心，带来巨大的视觉冲击力。前景人物以暖色调处理，被单纯的蓝天大海衬托得鲜明强烈，这是一首歌颂青春、生命与欢乐生活的赞歌。

355

对有些人的去世，我们会感到惋惜，但并不觉得悲伤；而对另一些逝者，我们只有悲痛而并不感到遗憾。

356

通常我们只赞扬欣赏我们的人。

357

思想狭隘的人很容易被小事伤害；豁达之人把一切看在眼里，却并不放在心上。

358

谦恭是基督徒美德的真正标志，如果没有它，我们就会抱着所有的缺点不放。这些缺点只是被好胜心掩盖着，别人看不见，甚至自己也觉察不到。

359

不忠的行为会毁掉爱情，并且，在有理由嫉妒时，也应避免嫉妒。只有那些避免嫉妒的人才值得我们为之嫉妒。

360

一个人对我们稍有不忠，其身价在我们眼里即一落千丈，比起他对别人的极端不忠给我们留下的印象还要坏。

361

嫉妒总是同爱一起产生，但并不总是同爱一起消失。

362

多数女人为她们的情人的死哭泣，与其说是因为爱过他们，不如说是为了显示她们值得被爱。

363

别人的恶行给我们造成的伤害，轻于我们自己克制自己恶行而引起的痛苦。

364

人们都明白应该少谈论自己的妻子，却不明白更应该少谈论自己。

365

与生俱来的优良品质有可能蜕变成缺点，后天获得的品质，又不够完美。应该让理性教会我们处置利益和信心，同时，由天性给予我们善良和勇敢。

366

无论我们对那些谈论起我们的人的真诚抱有怎样的疑问，我们总是相信他们对我们所说的话比对别人说的更为真实。

《狄安娜出浴》 布歇（1703—1770）绘

狄安娜是宙斯与勒托的女儿，是月神和狩猎女神，和太阳神阿波罗是孪生兄妹。神话传说中狄安娜以贞洁和残忍著称，猎人阿克特翁因偷看她洗澡被她惩罚变成一只鹿，并被他自己的狗撕成碎块。画在她左边的两只狗就说明了她残忍性格的一面。

在这幅人体作品中，媚俗的格调一目了然。这幅女神出浴图，与其说是描绘神话中的女神，不如说是路易十五后宫美人出浴图。画家竭力描绘的是裸女的形体美，纤小的手足，柔嫩白皙的肌肤，躯体坚实丰腴，裸体姿色性感而诱人，由颈项下延至肩臂胸部的曲线，圆润如珠，光彩夺目。有位评论家认为这幅女神出浴图是布歇“最艺术性的裸体画”，“在这里，不仅她年轻的身体，秀气的手腕和脚踝，而且她优雅的姿势和微微反射的光都表现出一种过分的精美”。就造型的准确性和丰富的色彩感而论，布歇的人体艺术不愧大师之作。

路易十五时代，古典主义艺术规范被新的趣味所代替，古典主义所强调的左右对称、严格均衡的样式，开始变得不大对称，装饰的曲线也开始自由伸展，艺术形式显得轻松艳丽，被称为“洛可可风格”。画家布歇（1703—1770）正是洛可可风格的典型代表。

367

正派女人对她的正派生活不感到厌倦，这种女人非常罕见。

368

大多数正派女人就像那些隐藏的珍宝，她们没有绯闻，是因为没有人搜寻到她们。

369

强行克制自己不去爱，其残酷超过对所爱之人的冷漠。

370

胆小鬼并不知道自己害怕的是什么。

371

热恋中的人几乎总是犯这样的错误：全然不知从何时起，自己已经不被人所爱了。

372

大多数年轻人觉得自己的粗野无礼是自然的事情。

373

有些眼泪是为了骗人的，往往到最后连自己也被骗了。

374

如果一个人认为他爱自己的情妇是因为情妇爱他，那就错了。

375

平庸之人往往对一切超出其理解范围的事物横加指责。

376

真正的友谊令嫉妒匿迹，真正的爱情使卖弄风情无处藏身。

377

洞察力的最大缺陷不是达不到目标，而是越过了它。

378

人们只知道给人忠告，却很少激励他们行动。

379

身价降低了，情趣也随之下降。

380

财富使人的美德和恶行昭显，就像阳光使物体显形。

381

勉强让人忠诚，与不忠相差无几。

382

我们的行为就像诗韵，人人都能把它喜欢的东西填进去。

383

谈论自己，愿把自己缺点中乐意给人展示的部分给人看，就基本上算是诚实了。

384

我们只应对自己竟然还能感到惊讶这一点感到惊讶。

385

拥有太多情人或一个情人也没有，都不会令人快乐。

386

不能容忍别人犯错的人，才是经常犯错的人。

387

傻瓜是无法使自己成为优秀者的。

388

虚荣之心即使还没有把美德全部推翻，至少也动摇了它的全部基础。

沉思中的苏格拉底

389

别人的虚荣心之所以使我们无法忍受，是因为它伤害了我们的虚荣心。

390

放弃利益比放弃欲望容易。

391

对那些从未接受过命运惠赐的人而言，命运简直就是瞎子。

392

应当像把握健康那样把握命运：好运时，尽情享受；厄运至时，要忍耐。若不是必需，勿下猛药。

393

市侩之风有时会在军营里消失，但在宫廷中绝不会了无踪迹。

394

你可能比某人聪明，但你绝不可能比所有的人都聪明。

《一个叫鲁班斯·诺瓦的肖像》　塞·布尔东(1616—1671)绘

法国在17世纪时，出现了一位很有名望的临摹大师，此人即是塞巴斯提安·布尔东(1616—1671)。布尔东年轻时为了糊口，学会了一手伪造名画的高超画技。他在巴黎遐迩闻名，传说他能摹绘各式各样的画，并可乱真。当时法国画界送他一个雅号："绘画的普洛透斯"(希腊神话中变幻无常的海神)。由于他能熟练地摹仿名家作品，他本人的艺术创作反而被完全抹煞了。《一个叫鲁班斯·诺瓦的肖像》是布尔东的肖像画杰作之一。只因他以制作伪画而闻名，最初人们不愿意把这幅艺术价值极高的作品载入史册。这幅肖像绘制得非常认真，特别是人物的一双手的描绘，在无比的精确中还兼具情感表现力。主人公的目光炯炯有神，姿态潇洒，明暗色调恰到好处，层次丰富，是一幅传神之作。塞·布尔东曾于1648年参与法兰西皇家学院的创办工作，并一度任该院教授与院长之职。1652年去瑞典，不久又任克里斯蒂娜王后的首席宫廷画师。

395

被所爱之人欺骗，并不是很痛苦；最令人难过的是，从欺骗中又醒悟过来。

396

在第二个情人未至时，第一个情人就是最好的。

397

通常我们没有勇气说自己没有缺点，也没有勇气说我们的敌人没有优点。事实上，我们就是这样认为的。

398

在我们所有的缺点中，我们最乐意承认的是懒惰，因为我们觉得懒惰是使所有行为终止的良策，它不会破坏其他品德，只是暂时搁置一些职责而已。

399

气质高贵与运气没有关系：它是一种风度，一种使我们与众不同的风度，它似乎天生令你担当大任，这是一种在不知不觉中获得的价值，使我们赢得了别人的尊重，把我们置于他人之上，甚至比出身、地位和才能还重要。

400

有不高尚的价值，但不存在无价值的高尚。

401

尊荣之于德行，犹如华服首饰之于美人。

402

在卖弄风情和花言巧语中，爱情的成分最少。

403

命运有时候利用我们的缺点来提升我们，有些人非常令人讨厌，如果我们不是为了想摆脱他们的话，是不会给他们的功劳以奖赏的。

404

在我们的脑海里似乎埋藏着不为人知的才干和机智，唯有激情能使之显露，并使我们能看见一些比艺术创造更为精确、完美的景象。

405

对我们而言，生命中的每个阶段在来临时都是崭新的。虽然我们可能饱经沧桑，在新阶段降临之时，我们仍感缺乏与之接触的经验。

406

卖弄风情的女人，总爱装出一副猜疑情人的样子，并以此为荣，以掩饰对其他女人的嫉妒。

《罗亚尔港的两个修女》 香拜涅(1602—1674)绘

香拜涅(1602—1674)是法国17世纪的肖像画与宗教画画家。他的肖像画具有一定的心理刻画表现力，人物形象显示出法国古典主义绘画的特征。1653年，香拜涅当选为皇家美术学院教授，后又升任院长。

《罗亚尔港的两个修女》是他众多人物肖像和宗教画中的代表作品。画家描绘的是罗亚尔港詹森派女修道院内，他女儿的瘫痪被奇迹般治愈的宗教事迹。

1662年，香拜涅这位笃信上帝的信徒，被詹森派教徒的所谓“荆棘奇迹”深深打动了。为了让后人对此有切实的感受，他以自己的瘫痪女儿为题，画了这一幅画：女儿靠卧在椅子上，目光凝视，双手合十，似乎正受到神的启示。跪在他女儿身边做祈祷的是女修道院院长昂热利克。这里没有巴洛克式的出神入化的形象，只展现实在的人物动作，并省略了人物所处的环境，淡化了大趋势背景。只有修女的目光和人物形象的虔诚气氛，使得画面充满神秘感。

407

别人中了我们的诡计，显得非常可笑；其实我们中计时也是如此，甚至更为可笑。

408

曾经讨人喜欢的人，到年老时，最荒唐之举就是可笑到忘了自己已经不再可爱了。

米尼亚尔（1610—1695）早年曾向布歇、武埃等人学画。1636 年起在意大利住了 20 多年，提香、韦罗内塞等人对他颇有影响。他在色彩方面颇受益于威尼斯画派。1657 年回到法国，长期在法国宫廷工作，成为路易十四的首席宫廷画家。1664 年任圣路加学院院长。

1690 年起任法国皇家绘画和雕塑学院院长。他曾为巴黎的瓦勒德格拉斯教堂画过宏大壮丽的天顶画，也装饰过凡尔赛王宫，此外还借用历史题材歌颂路易十四。代表作有《拿葡萄的圣母》（约 1656 年）、《吹肥皂泡的小姑娘》——该画很可能描绘的是路易十四之女，人物甜美华丽。

《拿葡萄的圣母》 米尼亚尔（1610—1695）绘

409

我们应该为我们所做的那些所谓的崇高行为而感到羞愧，这些行为的动机有多少是可以公开示人的呢？

410

友谊中最难做到的，不只是对朋友袒露我们的缺点，而是使他自己能看到自己的缺点。

411

没有什么缺点是不能原谅的，但利用手段隐瞒缺点则无法谅解。

412

无论我们受到什么样的羞辱，我们总有能力恢复自己的声誉。

413

才智有限的人很难长久地讨人喜欢。

414

疯子和傻瓜只凭自己的情绪看待周围的一切。

415

聪明，有时令人大胆地做蠢事。

416

人越老越容易冲动，这离疯狂不远了。

417

在爱情中，谁恢复得最快，谁就恢复得最好。

418

不愿显示风流的少女和总想显得荒唐的老者，千万别像谈论一件事那样谈论爱情。

419

当我们的才能高于所担任的职务时，我们可能觉得自己非常了不起，但是在担任高于我们才能的职务时，又显得十分无能。

420

我们常以为在逆境中能够坚韧不拔，其实那不过是我们的身心俱疲，而无法正视厄运的一种状态，犹如胆小鬼不敢自卫而任人宰割一般。

421

谈吐中，自信比才能还重要。

422

所有的激情都令我们出错，爱情更是如此。

拉罗什福科像

弗朗索瓦·德·拉罗什福科（François La de Rochefoucauld，1613—1680）1613 年 9 月 15 日生于巴黎，他是法兰西一个最古老家族的后裔。他的父亲是普瓦图（Poitou）省省长，很受黎塞留（Richelieu）的器重。1622 年，拉罗什福科伯爵领地晋封为公爵领地，是当时王国的最高封号。

路易·勒南临死前曾获得法国皇家画院会员的头衔，但他的艺术丝毫没有“皇家”学院派气息。

《农民之家》 路易·勒南(1603—1677)绘

17世纪，在法国画坛上盛行古典主义和巴洛克画风格的同时，还存在另一种截然不同的画风，就是以法国勒南三兄弟为代表的、用同情的笔调去描绘农民生活和纯朴的农民形象的画风。他们是当时与宫廷主义艺术相对立的画家，是卡拉瓦乔主义的杰出代表。路易·勒南在三兄弟中排行老二，绘画成就最为突出。约1593年生，1648年卒于巴黎。《农民之家》是路易·勒南的杰作。画面中人物形象均衡地排开，面向观众，农民形象富有个性。每个形象具有一定的肖像特征，人物的细节不带丝毫抽象概念，因而使观者产生一种肃然的可信感。

路易·勒南临死前曾获得法国皇家画院会员的头衔，但他的艺术丝毫没有“皇家”学院派气息。

423

很少有人明了如何对待衰老。

424

我们以与我们自身的缺点相反的缺点为荣：软弱时，就会吹嘘自己如何顽强。

425

洞察力能够敏锐地觉察到：奉承我们的虚荣之心远胜于我们精神中的其他方面。

426

韦尔特伊达庄园

拉罗什福科在卢瓦尔河谷下游的住宅

新颖与陈旧，两者无论如何对立，都会妨碍我们去觉察朋友的缺点。

427

大多数朋友使我们对友谊失去信心，大多数虔诚之徒令我们对虔诚深感厌倦。

428

我们很容易原谅朋友身上那些无损于我们的缺点。

429

恋爱中的女人，能够原谅大的冒失，却不能忍受小的不忠。

430

爱情衰老同身体衰老一样，虽然仍活着，但承受的是痛苦，而不是欢乐。

431

没有什么比力图表现自然更显得不自然了。

432

对善的倾心赞颂，就是对善举的一种加入。

433

生来就具备伟大品质的真正标志是：生来即不带欲念。

434

对欺骗了我们的朋友，我们只须对他们的友谊显出冷淡即可，对他们遭遇的不幸，我们还是应该关心。

《玛丽·美第奇摄政法国》 鲁本斯（1577—1640）绘

美第奇家族的财富为他们带来了荣耀和权势。通过和法国王室的联姻，该家族最终出现了一位掌握国家大权的人物，她就是玛丽·美第奇。画为1610年玛丽的丈夫亨利四世被疯子刺死后，着丧服的玛丽王后从拟人化的法国手中接过象征统治权的宝球。画面的左角，死去的亨利被天使带往天堂，此时他们的儿子路易十三刚9岁。玛丽王太后是一位强悍的统治者，她后来与儿子发生了激烈的冲突。

《台阶上的圣母》（局部）　尼古拉斯·普桑（1594—1665）绘

普桑1640年回到巴黎这段时期，为路易十三的宫廷完成了大画《耶稣基督订立圣体圣事》，为宰相黎塞留的豪华住宅画了天顶画《时光与真理》、壁炉装饰画《跪在燃烧的未开垦丛林地前的摩西》，还为一些教堂绘制了祭坛画；在制作大型壁画的间隙，他又为宫廷图书馆出版的《圣经》、维吉尔与贺拉斯的诗集做了卷首画和图案装饰。这些琐碎的大小绘事占去了他大量自由思考创作的时间，尤其是当他被任命为卢浮宫装饰工程的总指挥时，又有许多设计与杂务缠身。但画家仍以极大的耐心完成着这些任务。这时，宫廷里另一位画家西蒙·武埃始终与他水火不容，他深感厌倦。1642年，他借口回罗马探望妻子离开了法国。翌年，路易十三去世，法国内政更趋动荡，他留居意大利的心意更坚定了。这幅《台阶上的圣母》就是他返回罗马与亲人团聚后应订户之约完成的一幅宗教画杰作。《台阶上的圣母》（图上展现的是全画的中心部位，全画为横幅）几乎不像一幅传统意义上的宗教画，对圣母、圣子、圣安娜以及施洗约翰等人物的处理，似乎都服从于一种构图的思考。画家最关心的是规范性：稳定的三角形构图，圣母的红衣蓝裙、圣安娜的黄袍，右侧圣约瑟的黑色法衣，这些色彩的鲜明对比，具有一种庄严的审美价值。人物矜持，像一出舞台剧。背景还用古罗马的建筑物，整个画面缺少宗教意味，但也不具备拉斐尔那种天伦趣味，它给人以和谐与对称感，从构图中透露出艺术家潜心于古典艺术规范的执著精神。普桑回到罗马后，过着与家人同欢共乐的简朴日子，他不需要荣誉，甚至拒绝了送上门来的荣誉。

435

命运和性格主宰人生。

436

认识人类易，洞悉人心难。

437

判断一个人的价值不应只看他的本领，还要看他如何运用这些本领。

438

有这样的感激：它不仅使我们还清了人情，甚至还会使我们的朋友由此觉得倒欠了我们。

439

如果我们非常了解我们想要的那些东西，也许我们想要它们的欲望就不那么强烈了。

440

大多数女人之所以很难被友谊所打动，是因为当她们体验到爱情的美妙之后，友谊就显得枯燥乏味了。

441

在友谊中或在爱情里，有很多事情不知道比知道更令我们感到幸福。

442

我们总想把那些不愿改正的缺点变为优点。

443

就连最猛烈的激情有时也会暂缓释放，但虚荣之心却一刻不停地挑逗着我们。

444

老年人的疯狂远远超过年轻人的疯狂。

445

软弱甚至比恶行更有损于德行。

446

受到羞辱和被人猜忌之所以令人非常痛苦，是因为虚荣之心无法忍受它们。

447

所有的法律条文和惯例中，社交礼仪的规则最少，但遵从的人却最多。

《燃烧的六月》 弗雷德里克·雷顿 1895绘

《燃烧的六月》(FlamingJune)是英国学院派画家弗雷德里克·雷顿在1895年画成的油画，大小为47厘米x47厘米。这幅画被认为是雷顿的代表作，展现了他高度的古典主义内涵，同时也被认为是维多利亚时代最伟大的画作之一。

《燃烧的六月》描绘一名穿着火红裙子的女子沉睡在沙发上，这幅画模仿了古希腊艺术里以沉睡中的宁芙和那伊阿得斯做为雕刻对象的风格。画中的右上角摆的盆栽是一盆有毒夹竹桃，又隐喻出了睡眠和死亡之间的隐隐连结。画中的模特是英国女演员多萝西·提纳(DorothyDene)，她在那个时期也替许多前拉斐尔派的画家当过模特。到了20世纪，由于画风的转变和对于维多利亚时期艺术的忽略，《燃烧的六月》在1960年代无法以140美元的最低底价拍卖(等同今天的840美元)，最后流入波多黎各庞塞的庞塞艺术博物馆(PonceMuseumofArt)收藏至今。从1960至1970年代后，雷顿和其他学院派画家的画作重新受到重视，今天此画的价值被预估为至少在1400万英镑以上。

448

健全的理智迁就不健全的头脑容易，改变它则非易事。

449

命运忽然眷顾我们，赐我们以高位，但又未给我们以任何引导，我们也未曾奢望爬得那么高，因此要我们在此久居并表现出胜任似的愉快，几乎是不可能的。

450

我们经常因改正缺点而变得更加骄傲。

451

没有比机灵的傻子更加令人讨厌的了。

452

没有谁会认为自己不如别人，哪怕是他最崇敬的人。

453

在重大事务上，应该少枉费心机去创造机会，而应当多利用现有的机会。

454

做了亏本生意，还要让人不出怨言，这怎么可能？

455

无论这个世界如何规划，不公正依然客观存在。它总是宠幸伪善之举，并践踏真理。

456

有时我们会遇到满腹经纶的傻瓜，但从未遇到有判断力的傻瓜。

457

真实地展示自我，比伪装更能使我们获益。

458

敌人对我们所做的判断，比我们的自我判断更为真实。

459

医治爱情之伤的药有很多种，但没有哪一种是绝对有效的。

460

我们无法知晓激情将带领我们走向何方。

461

衰老是一位暴君，它禁止一切青春的欢乐，因为它自身就是痛苦。

462

骄傲使我们既谴责那些自以为摆脱了的缺点，同时又使我们蔑视自己不具备的优点。

463

我们怜悯敌人的不幸，更多的是出于骄傲，而绝非善良，为的是让他们感到我们是在同情他们，我们比他们优越。

464

过分之善与超常之恶，都令人无法承受。

465

无辜绝不会像罪行一样得不到庇护。

466

在所有的情感中，最适合女人的是爱情。

467

虚荣心驱使我们做了许多违背理性的事。

468

某些不良品质造就了伟大的天才。

469

理性所需，并非人之所需。

470

我们所有的品行，无论是好的，还是坏的，都是不确定的，它们几乎都要接受机缘的摆弄。

471

女人在最初的激情中迷恋的是情人；而在之后的感情里，喜欢的则是爱情。

472

如其他的情感一样，骄傲亦有其古怪之处，我们羞于承认自己有嫉妒之心，同时又以有过和能有这种嫉妒之心为荣。

473

真正的爱情已经罕见，真正的友谊则更难找寻。

474

美貌已逝而价值犹存，这种女人少之又少。

475

被同情和被钦佩的欲望，构成了我们自信心的绝大部分。

476

嫉妒之心存续的时间总是比我们所嫉妒之人的幸运期更为长久。

《画家之母》 亚森特·里戈（1659—1743）绘

亚森特·里戈（原名里戈·伊·罗斯 1659—1743），是法国 18 世纪最著名的肖像画家。

1690 年，被宫廷聘用为专职肖像画师，从此，以肖像画闻名于宫廷内外，成为法国具有巴洛克风格的多产肖像画家之一。

在《画家之母》这幅肖像杰作上，里戈运用了一种独特的构图方法，把自己母亲的两个左右侧面肖像绘制于同一画面上。这两个侧面，彼此非常和谐地相对着，就像是一面镜子的反映，但又不尽一致，仿佛两人相对而视。两个侧面都颇具个性与内在情感的表现力，这是耐人寻味的一种肖像艺术构思。

母亲肖像被描绘得很精细，描绘工整，色彩淡染，脸容与衣着的明暗对比较强。慈祥的容貌使这幅肖像画的独特表现富有纪念意义。也许正是画家面对自己的母亲，执笔时的感情来自肺腑，手上的彩笔自然也运用得得心应手了。

此画现藏巴黎卢浮宫。

477

爱情受到的阻力越大，它的热度就越高，持久力也就越长。那些情欲受阻的弱者，总在情欲的激荡中兴奋，却从未、也无法得到过满足。

478

矛盾并非奇思妙想的成果，而是天然地存在于每个人的心灵深处。

479

只有坚强者才可能拥有真正的柔情，那些表面温柔之形，不过是软弱之貌，并且极易变得尖酸刻薄。

480

胆怯是一种缺点，这种缺点对我们想纠正的一切都有损无益。

481

真正的善良极为罕见，那些自认为心地善良之辈，只不过怀有一点怜悯之心或容易伤感而已。

482

人都性喜懒散，喜欢安逸之事，这种习性使我们的认知能力受阻，且无法使我们全力以赴把自己的智能扩展到力所能及的领域。

483

通常，尖酸刻薄主要源于虚荣之心而非恶意。

文森佐·卡穆奇尼（Vincenzo Camuccini）的自画像

文森佐·卡穆奇尼（Vincenzo Camuccini，1771 年 2 月 22 日至 1844 年 9 月 2 日），意大利画家，新古典主义历史和宗教画绘画大师。他被认为是他那个时代最优秀的学术画家。

484

激情之波未平之时比心境平复之后更易产生新的激情。

485

那些曾拥有过激情的人，在激情之波平复之后，就会时常感受到激情之痛。

486

没有嫉妒之心的人比没有私欲的人要少得多。

487

精神上的惰性远远超过身体上的惰性。

488

情绪的起伏，并不取决于生活中的重大事件，更多的是依赖于日常事务的处理。

489

人无论有多么坏，也不敢公然与美德为敌，他们想迫害美德时，就谎称这个美德是假的，或者干脆把它们归于罪行。

490

人们经常由爱情转入野心，但不会从野心回归爱情。

《恺撒之死》 让－莱昂·杰罗姆(1824—1904)绘

恺撒是西方公认的“四大军事天才”之一。他征服了法国，攻占了英国和德国以及北非很多地区，被选为终身执政官。为了避免他成为真正的独裁者，元老院的60多人密谋刺杀了他。但是，刺杀恺撒仍然没能阻挡罗马帝国从共和制变成帝制：他的侄子屋大维，扫清政敌，成为罗马第一个皇帝。

法国画家、雕塑家让－莱昂·杰罗姆(Jean-Leon Gerome 1824—1904)以他画家优雅完美的学院派技巧将自己的幻想传达给画作，以致有评论家说：“如果摄影在恺撒遇害的那一天已经存在，人们可以相信这张照片就是在遇害之时拍摄的。”

《恺撒之死》(*The Death of Caesar*) 1867 368.3厘米x215.9厘米 布面油画，让－莱昂·杰罗姆绘(Jean-Leon Gerome 1824—1904)美国沃尔特斯艺术博物馆藏。

491

极度的贪婪总是把事情搞砸，因为贪婪总是背离自己的目标，因眼前之利而损害未来。

492

贪婪往往事与愿违，很多人为了毫无把握和遥无定期的希望而不惜献出自己所有的财物；另一些人则为了眼前的蝇头小利而错失了未来的大好前程。

493

人们总觉得自己的缺点还不够多，还要通过炫耀某些怪诞的品质来增加其数量，并且精心培养它们，以至于它们最终变成本能的缺陷，谁也无法纠正。

494

人们在评述自己处世为人时总觉得自己毫无瑕疵，这说明人对自己错误的了解比我们想象的还要清楚。那些蒙蔽他们的自尊心，此时又豁然开朗，重现清晰的视觉，使得他们能抹去或掩饰那些有可能给他们带来非议的污点。

495

年轻人涉世之初，应该是腼腆或冒失的。如果他们一副气宇轩昂无所不能的样子，通常被认为是狂妄失礼的。

《恺撒之死》 文森佐 · 卡穆奇尼（1771—1844）绘

盖乌斯·尤利乌斯·恺撒(Gaius Julius Caesar,前 100 年 7 月 12 日—前 44 年 3 月 15 日)，称恺撒大帝，罗马共和国末期杰出的军事统帅、政治家。恺撒出身贵族，历任财务官、祭司长、大法官、执政官、监察官、独裁官等职。前 60 年与庞培、克拉苏秘密结成前三头同盟，随后出任高卢总督，花了八年时间征服了高卢全境（大约是现在的法国），还袭击了日耳曼和不列颠。之后，元老院及执政官庞贝为了防止恺撒危及其地位而对他发布了通缉令，恺撒与庞贝的内战开始。最终恺撒取得了胜利，成为了罗马的独裁官，还与当时的埃及艳后克里奥佩特拉七世产生了感情。前 44 年，恺撒遭布鲁图斯所领导的元老院成员暗杀身亡。恺撒身后，其甥孙及养子屋大维击败安东尼开创罗马帝国并成为第一位帝国皇帝。文森佐·卡穆奇尼(Vincenzo Camuccini 1771 年 2 月 22 日—1844 年 2 月 2 日) 意大利画家。

496

只是一方有错，争吵就不会持续很久。

497

对女人而言，年轻但不漂亮，或漂亮已不年轻，都是没有身价的。

498

有这样一些人，他们既无真正的缺点，又无确实的优点。

499

通常在一个女人有了第二次风流之事时，人们才想起了她的第一次风流韵事。

500

有些人自以为了不起，甚至在恋爱时，依然让自己的这种激情占据其中，而不是专注于所爱的人。

501

无论爱情多么令人心醉，最使人感到快乐的是爱情的表达方式，而不是爱情本身。

502

不聪明但率真，比那些聪明但脾气古怪的人要可爱得多。

503

嫉妒是诸多缺点中最大的缺点，也是被嫉妒者最不能原谅的缺点。

504

德行的虚伪性已经谈了很多，现在应该谈谈对死亡的蔑视这一虚假的态度。我指的是那些所谓的无神论者，吹嘘说仅靠自己的意志力即可蔑视死亡。他们对来世不抱任何希望，也无所谓什么美好生活。无奈地接受死亡和蔑视死亡，二者是有区别的：前者是正常的，而后者就不那么诚实了。但是，人们依然连篇累牍地在文章里宣称死亡并不是什么坏事，甚至那些所谓的懦夫和好汉也枚举无数的事例来证明这一点。但我仍然怀疑理性之人会真的相信，这从人们为说服自己的周折中就可看出，要做到这一点也不是那么容易。人们可以有各种理由对生活感到厌倦，却没有理由轻视生命，就是那些想死的人，也不会把死视为小事；死亡一旦来临，他们依然会动摇逃避。那些所谓的勇士，他们英勇的程度之所以不同，就在于死亡在他们心目中的形象不同，有时感到死亡已经来临，有时觉得死亡又是那么遥远；死亡未至时，他们非常勇敢，一旦死亡降临，又惊恐万分。死亡是所有痛苦中最大的痛苦，如果不相信这一点，就不要去想象什么是死亡。最聪明和最勇敢的那些以最恰当的办法避免考虑死亡的人，因为所有明了和目睹死亡的人，都知道死是一件非常可怕的事。死亡的必然性坚定了哲学家们的全部信念。他们认为，既然我们无法改变死亡的命运，就应该坦然接受它的来临；既然生命不能永存，但依然可以努力使自己声名不朽，可以在毁灭之前挽救生命所无法留存的东西。为了能从容面对死亡，我们不必讨论它，让我们凭借自己的意志，而不是那些软弱无力的推理——它们并不能使我们坦然面对死亡。从容就义的光荣、为人怀念的希望、流芳百世的向往、摆脱悲惨生活以及不愿再受诡谲命运摆布的信念，这些都是我们心灵面对死亡之病不可抛弃的良药。但是，也不要认为它们肯定有效。其实它的作用，就像战场上的掩体，从远处看上去能起掩护作用；从近处看，你会发现，它仅是一道很脆弱的屏障。死亡离我们很远时，我们认为它已近在咫尺；当它真的逼近时，我们明知自己脆弱，却觉得自己具有击不垮的力量，这些都是自欺欺人。以为自尊心能帮助我们，把那些必然将摧毁它的东西看得无足轻重，这是对自尊心作用的错误认识。我们自认为从中可以获取无穷力量的那些理性，在此时，也显出了它的软弱无力，不足以使我们自信起来。恰恰相反，正是这个所谓的理性经常令我们失望，它不仅不鼓励我们蔑视死亡，反而向我们揭示死亡的丑陋和可怕。理性所能为我们做的，只不过是让我们把视线从死亡线上移开，而转移到其他的目标上而已。加图和布鲁图斯（以上两人都是古罗马时期的政治家，均自杀身亡。译者注）选择的是留名千古。不久以前，有个仆人在行刑前，竟然在断头台上跳起舞来。因此，他们的动机虽然各不相同，但产生的效果却都是一样的。伟人和普通人之间虽然存在某些差异，但人们还是无数次地看到他们都是以同样的表情接受死亡。当然，他们之间还是有差异存在：伟人表现出来对死亡的蔑视，是对荣誉的追求使他们视死如归；而普通人所表现出来的蔑视，则是源于他们知识的贫乏，认识不到自己的不幸，因而有了想做其他事的自由。

《大卫的胜利》　尼古拉斯·普桑(1594—1665)绘

《大卫的胜利》(*The Triumph of David*)；纵 118.4 厘米，横 148.3 厘米；作于 1628—1631 年；藏于英国伦敦杜维琪画廊(Dulwich Picture Gallery)。

箴言录

各版删去的箴言

从第一版中删去的箴言

莫里哀（1622—1673），法国喜剧作家、演员、戏剧活动家。芭蕾舞喜剧的创始人，法国17世纪古典主义文学最重要的作家，古典主义喜剧的创建者，他在欧洲戏剧史上占有十分重要的地位。

1

自爱就是对自己以及属于自己的一切之物的爱，它使得人们像崇拜偶像般地崇拜自己，而且，一旦有机会，自爱就会成为暴君。它只关心自己，就像蜜蜂停在鲜花上，为的只是汲取对己有用的东西。自爱之欲是那样的强烈，它的意图又是那样的隐蔽，但行为却是那样灵巧，无物与之媲美；它的敏锐超乎想象，变化之神速超过神明，它的精细程度连化学家也难以企及。人们无法测其深，亦无法看透其黑暗之渊底。在那儿，最锐利的目光也无法触及，它转来转去，就是无法察觉。有时连它自己都感觉不到，在那儿孕育、培养，最终造成无数的爱恨情仇而不自知。它把这些爱恨情仇弄得面目全非，以至于当它置于光天化日之下时，它自己也无法辨认，或难以对其确认。它的那些可笑的自以为是，它的谬误、无知、粗俗和愚蠢，都从迷茫的昏暗中滋生出来。

这种昏暗蒙蔽着它，使它误以为沉睡之情已经死去，以为自己一停下来，奔跑的欲望就会消失，以为那些令人乏味的情趣已经消亡。但是，这种隐藏自己的沉沉黑暗，并不影响它看到身外之物，在此，自爱就像我们的眼睛，看得见一切，唯独看不见自己。

其实，在生死攸关以及重大事务上，自爱之欲会唤醒它的全部注意力，看到一切、闻到一切、听到一切、想到一切、怀疑一切、洞察一切、剖析一切，以至于令人相信，自爱的每一种激情都具有自身特有的魔力。人的身上,再也没有比自爱依附得更为紧密、牢固的东西了，以至于灾祸降临时，要摆脱它是不可能的了。然而，自爱有时候可以毫不费力地做成多年尽力而无法完成的事。由此可知，自爱之欲源于自身，而不是它所追求对象的美的价值。

巴洛克绘画

巴洛克源自西班牙语及葡萄牙语的“有瑕疵的珍珠”，它原是18世纪崇尚古典艺术的人们对17世纪风格的一个带贬义的称呼，用以区别不同于17世纪文艺复兴时期的一种艺术。当然今天它已失去了原有的贬义，仅指17世纪风行于欧洲的一种艺术风格。

在欧洲文化史中，“巴洛克”指17世纪以及18世纪上半叶（约1600—1750，但年份并不是绝对的）的艺术风格。这一时期上接文艺复兴（1452—1600），下接古典、浪漫主义时期。

巴洛克绘画的特点是人体结构生动大胆，色彩明快，强调光影变化，比文艺复兴时期的画家更强调人文意识。

自爱抬高所爱之物的价值，成了所爱之物的化妆品。它追随的是它自己，当它追随那些它所意欲之事时，追随的又是自己的意志。它的自相矛盾表现在很多方面：既专横又顺从，既诚恳又虚伪，既仁慈又残忍，既胆怯又大胆。它的喜好又各有不同，这要看当时左右它脾性的是什么，一会儿它追逐荣誉，一会儿它谋求财富，一会儿它追求快乐。自爱之心喜好的变化，时常根据人的年龄、经济地位和经验而变化，一个爱好和同时具有很多爱好，这都无所谓，因为只要需要它，它可以分身，或合而为一。

自爱之心的不稳定性，除了外因之外，其自身是其因由，它善变无常，时而显得轻浮、喜新厌旧、悲忧无度，时而任性之至，神速如疾；有时它又辛劳之至，去取得对它有害的东西，仅仅是为了得到它。自爱之心又是古怪的，常常把心思用在最无聊的事情上：从最乏味的事情上找到乐趣，从最为人蔑视的事情上保持它特有的高傲。

它在各种状态下生存，适应任何条件，它似乎无处不在，依赖一切，又什么都不靠，它适应任何东西，没有它们也行，它甚至能与它的敌人为伍，进到他们的计划之中。

最令人惊叹的是，它使那些人一起恨它，它策划自己的失败，并为自己的毁灭而努力。总之，它关心的是存在，只要能存在，它甘愿成为自己的敌人。所以，它苛刻地对待自己，如苦行僧一般，把自己毁灭，也就不足为奇了，因为，它在此地毁灭，又会在另一个地方重生。人们以为它放弃了自己的欢乐，其实不过是暂时中止了这种欢乐，或改变了它的乐趣。就算是它被打败了，以为它失败了，你依然会发现，它虽败犹荣。

以上就是自爱的画像，它的全部生命只不过是一系列的不安与躁动。大海就是自爱形象的生动图景，它在其中不断地涨落，令它在波浪中无休无止地进退，这正是自爱之心动荡不安的思想和永不停息之举的忠实写照。

2

所谓激情不过是血液冷热不同而已。

3

身处幸运之中的克制，不过是担心激动失态会给自己带来耻辱，或害怕失去已拥有的一切。

4

克制犹如节食：想多吃，又担心吃多了会生病。

5

每个人都能在被别人挑剔过的事物上吹毛求疵。

6

骄傲，在独自扮演了人间喜剧的各类角色之后，似乎对这种装模作样的变化充满了厌倦，然后它以本来的面目出现，经过自豪来展现自己。因此可以说，自豪是骄傲的亮相和宣示。

7

在小事上精明，在大事上正好相反。

8

能认识到不幸，本身就是一种幸运。

9

人既没有遭遇自己以为的那么不幸，也没有获得所希望的那么幸福。

10

从不幸中获取乐趣，不过是对不幸的一种自我安慰。

11

只有把握命运，才能预见未来。

12

如果人不知道眼前需要什么，怎么能知晓将来要什么？

13

爱情植于爱者的灵魂之中，犹如灵魂居于生命体之内。

14

公正不过是一种怕别人夺走我们所有的深深畏惧，由此产生一种对他人利益的尊重，以及避免损害他人利益的决心。这种畏惧使人回到他的出身和命运给予他的利益限度之内。如果没有这种畏惧，人就该画又名《以撒和利百加的婚礼》，取材于《圣经》。这是一场对于亚伯拉罕一族传宗接代至关重要的婚礼。画面上，在林中空地歌舞、欢宴的人物形象都很小，显得无关紧要，而且时空上距离我们特别遥远。画的主角是风景，几株大树格外壮丽，逆光的处理在视觉上造成了一种极其开阔的空间感。我们的视线毫无遮拦地延伸至远方，天空在水中的倒影与远山遥相呼应，表现出十分细致柔和的变化。画中表现的风景并不是某一处的真实风景，但是让人印象深刻，激起了人们真实的情感。克劳德·洛兰（Claude Lorrain，1600—1682年），法国风景画家。

《有舞者的风景》 洛兰（1600—1682）绘

《帕里斯的评判》 克劳德·洛兰（1600—1682）绘

《帕里斯的评判》讲述的是一个广为人知的希腊神话故事：英雄阿克琉斯的父母举行婚礼，奥林匹斯山上的许多神都应邀而来。嫉妒女神由于没有受到邀请怀恨不已，她把一个金苹果扔到桌子上，上面刻着一行字："给最美丽的女神。"女神们都想得到金苹果，于是，众神的首领宙斯请正在牧羊的特洛伊王子帕里斯来做评判。为了得到金苹果，女神们都给帕里斯以最美好的许诺：天后赫拉答应使他成为一个国王；智慧女神雅典娜保证使他成为一个最聪明的人；爱与美的女神阿芙洛蒂特（罗马神话中的维纳斯）发誓让他娶到全世间最美丽的女子。帕里斯最终把金苹果给了阿芙洛蒂特。在她的帮助下，帕里斯得到了海伦公主，并由此引发了希腊人和特洛伊人之间的战争。洛兰把故事发生的场景安排在具有典型意大利特征的风景里，风景因眼前的一株大树而格外壮丽。在画面上，罗马周围的旷野沐浴着一片金色的阳光，与神话故事融为一体。这里表现评判开始的一瞬，女神们各具风采。天后赫拉身穿红蓝衣裙，正在与帕里斯讲条件，想说服帕里斯判她为最美。阿芙洛蒂特偕同她的儿子丘比特站在一边，静静等待。帕里斯以不太安稳的姿势斜坐在岩石上，回应女神的挑战。在他们身后，雅典娜独自坐在一块石头上，她退出了角逐的舞台，却无意中成了人们注意的中心，当她俯身触摸自己的脚背之时，美丽的金光便照射在她白皙的身体之上。

会无休止地损害他人。

15

公正对稳重的法官而言，不过是他们擢升的阶石。

16

人们谴责不公正，并非人们厌恶它，而是因为无法承受由它带来的后果。

17

朋友们的好事令我们高兴，这种反应并不是源于我们本性的良善，也不是出自情谊，而是自爱的结果。自爱使我们产生希望，希望这种好事也能幸运地降临到我们头上，或者希望从中获得某种好处。

18

在朋友的厄运中，我们总能发现某种令我们愉快的东西。

19

傲慢使人盲目。最危险的是盲目又助长傲慢，傲慢使盲目膨胀，这样的结果是：让人无法找到可以减轻痛苦和纠正错误的方法。

20

当我们不再希望从别人那儿发现理性时，我们也就失去了理性。

21

那些哲学家们，特别是塞涅卡（古罗马哲学家，斯多葛学派的代表人物之一。译者注），并没有运用他们的思想去消除罪恶，而只是用他们的思想培养了傲慢。

22

聪明人在与己无关的事务上总能表现得智慧非凡，但在与他们利益相关的重大事务上，他们却几乎从未表现过聪明。

23

愚蠢总是源于聪明。

24

节食若不是出于健身，便是缘于食欲不振。

25

人才如森林中的树木，都有其自身的特点和作用。

26

当你懒得再谈论某事时，才表明你对此事已经不在意了。

27

谦虚看上去似乎是在拒绝赞扬，实际上是想得到更为悦耳的赞颂。

《二轮运输车》 路易·勒南（约 1593—1648）绘

法国在路易十四（1638—1715）时代是中央集权的君主专制国家，社会上的第一、第二等级是贵族和僧侣，他们不缴纳租税，享有种种特权，而新兴的资产阶级是和城市手工业者、农民等同属于必须缴纳租税的第三等级的，反映在艺术上等级观念也十分明显：悲剧里不许放入村夫俗子的语言；诗歌要讲究贵族制定的韵仄，辞藻必须古朴；绘画则分成高级（历史画、宗教、神话题材）和低级（肖像、风景、风俗、静物画）的，法国皇家美术学院内的清规戒律就更加繁琐了。在充斥着十足贵族趣味的绘画中，有一股格调清新的现实主义画风，那就是专以反映贫苦农民生活为目的的三位大画家安托万·勒南（约 1588—1648）、路易·勒南（约 1593—1648）和马蒂厄·勒南（约 1607—1677）的作品。他们都是农民画家，出生在法国弗尔曼都省的拉昂地方。三个人中，成就最卓著的是路易·勒南。他从自身贫困的农村生活中，找到了纯朴而高尚的农民形象，毫不掩饰地将他们的困苦环境与生活现状再现到画面上。当时法国的农民是最受压迫的阶级，不仅要向领主缴纳土地永久租金，还要缴纳实物税，从事义务劳动。这幅《二轮运输车》作于 1641 年，他艺术生涯的晚年之作。画展现了贫瘠的农村场院一角，几个村童和妇女的形象分成三组，左边一组是一个放猪娃和两个木然站立的姑娘，年长的一个背着一只空食锅，似刚送完午饭，在等待大车回村。在一架从马轭上卸下的二轮车斗上，站着四个孩童，男孩子在吹笛，其余几个是女孩，神色疲惫，表情呆滞。右侧近景上有一个坐在地上的农妇，哄着刚喂过奶的孩子。这是秋收场院的午休景象，一切显得特别荒凉和缺乏生气。画家以同情的笔调描绘了农村孩子和妇女们的善良秉赋与朴素艰苦的生活。它和当时色彩华丽的神话题材的画面相比，代表着绝然不同的两种民族感情：前者是真实的，后者是虚伪的。

28

惩恶也好，扬善也罢，都不过是利益使然。

29

自爱之心总令人觉得别人对我们的奉承还远远不够。

30

脾气各有不同，有的人发脾气不过是易怒，对人伤害不大；另一种人怒气冲天，则源于他们的傲慢，无礼之至。遗憾的是，人们并没有对此加以区分。

31

伟人与常人相比，并非德行好多少，或狂热之情少多少，而仅仅在于伟人有着更为远大的抱负。

32

本性之恶比自爱之心所引发的恶要少得多。

33

我们全部的美德，可以用一位意大利诗人在谈及女人的正经时所说的一句话来概括：这常常不过是为表现得正经的一种艺术而已。

34

世人所指的德行，不过是我们的欲念造就的一个幽灵，我们给它一个“正派”之名，以便不受责罚地做我们想做的事而已。

35

我们只是为了自夸才承认自己有缺点。

36

人性中，极端之善与极端之恶都是不存在的。

37

缺乏犯大罪能力之人，亦缺乏洞见他人之大恶。

38

殡葬之奢华更多的体现出的是生者的虚荣而绝非死者的荣耀。

39

世界无论多么变幻无常，人们还是能从中发现其中神秘的联系和上帝安排的程序，这种联系和程序使得每件事物都各得其所，并遵从它命定的轨道行进。

40

危急之时，人需要的是坚定的信念而产生的勇气；密谋之中，则需要的是大无畏的精神支持其心灵。

41

那些想定义胜利的人，就像诗人那样，把胜利称为女神，然而人间是找不到女神的出生之地的。其实，胜利是由无数行动产生的，这些行动并不以取得胜利为目的，而仅仅是出于行为者特有的利益而组成的一支浩荡大军，为他们的荣誉和地位，为他们获取巨大而广泛的成功而奋斗。

42

从未经历危险的人，奢谈勇敢是可笑的。

43

模仿总令人厌恶，所有伪造之物都让人不快，唯有天然可爱之至。

44

仁慈和精心炮制的伪善，是很难辨认的。

45

为了能够永远做个好人，就得让人相信：行恶必将受到惩罚。

46

刻意取悦于人，必将令人不快。

47

自信才能信任他人。

《海港的落日》 克劳德·洛兰（1600—1682）绘

洛兰是法国古典主义风景画的奠基人，1600 年生于南锡，1682 年卒于意大利的罗马。洛兰的风景画富有诗意，带有传统色彩，风景中常点缀神话或宗教人物，被人们称为“英雄风景画”。他把古典主义与浪漫主义结合起来，作品既庄严，又具有柔和的抒情情调和音乐感，画面光线微妙。尤其善于画逆光，逆光里人物与建筑呈现出庄严的轮廓。洛兰与普桑是同时代人，但是发展方向截然不同，他降低人物在画面中的重要性，把风景提高到了重要的地位。

《赛吉耶大法官》 夏尔·勒布伦（1619—1690）绘

夏尔·勒布伦曾经是路易十四的首席宫廷画家，并担任皇家美术学院院长，1666年又奉命赴罗马创办罗马法兰西学院，人们恭维他是伟大的画家、装饰家、流派的倡导者和设计师。皇家美术学院在他的领导下制定了一整套严格的艺术教育制度，学生们以临摹大师们的范本为主修课，以“伟大风格”（即古典主义）为标准培养人。这就是规范的学院派教育，使艺术成为教条。

勒布伦在政治上是王权的积极拥护者，他的心目中只有一个人，那就是路易十四。他追随王公贵族的大臣们，他不仅在画界，就是在政界也都地位显赫，尤其独揽美术界大权而飞扬跋扈，他对法国美术界的影响长达一个多世纪。

有人评价他作品极多，既富丽堂皇，又十分糟糕，作为画家的勒布伦是个平庸之才，他的艺术没有自己的个性，无非是一种翻版而已，是普桑的翻版。唯独《赛吉耶大法官》还显示出某种创造力。

48

普遍的革命，不仅改变人的观念，而且也改变世界的命运。

49

真实是至善至美的基础和根源。一件事物，无论它是什么性质的，如果它不是它应该存在的样子，或它应该具有的那一切，它就不可能是至善至美的。

50

有些美的事情呈现出缺陷，这比它十全十美时更加光彩夺目。

51

崇高是骄傲之心高尚的一面，人类借此使自己成为自己的主人，从而控制自己的一切。

52

过分的豪奢和过分的考究是国家走向衰亡的明确征兆，因为人们只关注自己的利益，公益已被遗忘。

53

哲学家说死亡并不是一件坏事，但语气并不自信。他们认为肉体之痛通过生命的消亡而达到不朽，此言无法印证。

54

在所有的情绪里，最不易了解的是懒惰，这也是其中最活跃、最有害的一种，尽管它的猛烈程序难以觉察、危害不易洞见。但是，如果我们认真审视它的能量，我们将会发现：无论何种情形，我们的情感、兴趣和忧喜，都受它的影响。懒惰就像是一条鲫头鱼（即鲫鱼，头部长有吸盘，能吸附于大鱼或船底，常妨碍船只航行。译者注），妨碍船只前进。这就像暴风雨来临之前的宁静，它甚至比暗礁、风暴还要危险。它的宁静是心灵隐秘之魔法，它可以瞬间终止最狂热的追求和最顽固的决心。最后，为了对这种情绪有一个确切的认知，应该说懒惰是心灵的最大福祉：心有所失，它来安慰；心有不足，它来填补。

55

爱情未至时，爱起来容易；爱情诞生后，要想摆脱它就难上加难了。

56

大多数女人抗拒不了男人的追求，与其说是源于爱情，不如说是因为软弱。因此，那些脸皮厚的男人更容易获得成功，尽管他们并不比别的男人可爱。

57

恋爱中，若即若离，恋情方能持续很久。

58

情人相互要求：在爱情消失时，能讲真话。这并不是想得到对方不再爱自己的通知，而是想得到一个确切的证明：只要不爱之话未出，那爱依然存在。

59

爱情最恰当的比喻是发烧，因为它的猛烈程度和持续时间都是我们无法控制的。

60

愚钝之徒的最大精明之举就是懂得服从他人的引导。

䲟鱼

䲟鱼（Echeneis naucrates），食肉性温热带海鱼，常以吸盘吸附船底或其他大鱼远游和索食。

以其他鱼类和无脊椎动物为食。

头顶的前背鳍已转化为由横叶叠成的卵形吸盘，借以牢固地吸附在鲨鱼和其他大型鱼类身上。当到达饵料丰富的海区，便脱离宿主，摄取食物。然后再吸附于新的宿主，继续向另外海区转移。

体极为延长，头部扁平，向后渐成圆柱状，顶端有由第一背鳍变形而成的吸盘，其鳍条由盘中央向两侧裂生成为鳍瓣（laminae）约有 21 ~ 28 个；尾柄细，前端圆柱状，后端渐侧扁。吻平扁，前端略尖。
口大，口裂宽，不可伸缩，下颌前突;上下颌、锄骨、腭骨及舌上均具齿。体被小圆鳞，除头部及吸盘无鳞外，全身均被鳞。背鳍两个，第一背鳍变形而成吸盘，第二背鳍和臀鳍相对；腹鳍胸位，小形；胸鳍尖圆；尾鳍尖长。体色棕黄或黑色，体侧经常有一暗色水平狭带，较眼径为宽，由下颌端经眼达尾鳍基底。

从第二版中删去的箴言

在自身中无法找到安宁时，在其他地方也无法获得宁静。

《黎塞留像》 香拜涅（1585—1642）绘。

黎塞留（1585—1642），法国宰相、红衣主教、政治家。1607年任吕松主教，1614年作为普瓦图的教士代表出席三级会议。两年后受到摄政太后美第奇的重用。1617年遭国王路易十三放逐，后又为路易十三所赏识。1622年任枢机主教，1624年进入枢密院，同年为宰相。黎塞留任宰相时，对内恢复和强化遭到削弱的专制王权，对外谋求法国在欧洲的霸主地位。黎塞留于1624—1642年间任政府首相期间，法国专制制度得到巩固，并建立了著名的法兰西学士院。这座著名文化殿堂一直只保留40把椅子，即40位终身院士，只有院士辞世空出名额方能投票补选，入选的院士也因此被称为“不朽者”。学院创立后，为世界各国人民耳熟能详的法国文学艺术大师拉辛、拉·封丹、孟德斯鸠、夏多布里昂、雨果、拉马丁、梅里美、小仲马等先后登堂入室，成为“不朽者”。随着时代的进步，法兰西学院已将弘扬法兰西文化与追求文化多样性相融合，逐渐发展成超越政治制度和时代局限的法国最高荣誉机构。黎塞留首先开启了“民族国家利益至上”的现代外交。将民族、国家的利益置于宗教之上。他处理外交的唯一标准便是看是否对法国有利，成为后世实用主义外交的效法典范。

从第四版中删去的箴言

孔代亲王

孔代亲王（1621—1686），法国将军，贵族，生于巴黎，出身王室。早年参加过 30 年战争。1643 年在洛克罗伊之战中击败西班牙军队；1644—1645 年在弗莱堡之战和纳德林根之战中获胜；1646 年攻克敦克尔刻要塞；1648 年在朗斯之战中再次击败西班牙军队，为法国赢得 30 年战争奠定了基础；1650 年参加反投石党运动，并与西班牙联合和法国作战，后多次被蒂雷纳子爵击败；1660 年被赦免回国，重新指挥法军；1667—1668 年在遗产继承战争中攻占法朗什·孔泰地区；1672—1678 年荷兰战争中统率法军作战获胜。后因病退休。1686 年 12 月 11 日病逝于枫丹白露。

1

爱与不爱都不是人能自主的：情夫抱怨情妇用情不专，情妇怨恨情夫轻浮，都有失公允。

2

当厌倦爱情的时候，我们很容易为对方的不忠而高兴，以便我们能从忠诚的义务中解脱出来。

布鲁图

布鲁图（公元前85—公元前42），晚期罗马共和国元老院的议员。他组织并参与了对恺撒的谋杀。

布鲁图的父亲德希马·布鲁图斯是一位政治家。他的母亲塞薇利娅是小加图同母异父的姐姐。塞薇利娅是恺撒的情妇，后世有人怀疑恺撒是他的生父。这类怀疑是不大站得住脚的，因为布鲁图斯出生时，恺撒才15岁，此后10年，他母亲才成为恺撒的情妇。

在小加图任塞浦路斯总督期间，布鲁图成为他的助手，开始步入政界。布鲁图进入元老院伊始，便与贵人派结成了同盟，以反对克拉苏、庞贝、恺撒的前三头同盟。布鲁图的父亲在公元前77年被庞贝杀害，由此他与庞贝结下了宿怨。尽管如此，在公元前49年恺撒与庞贝的内战中，布鲁图还是倒向庞贝一方，因为此时庞贝已成为贵人派的领袖。

次年8月，庞贝在法萨卢斯战役中被恺撒击败，逃往埃及。布鲁图转而投靠恺撒，并获得后者的宽恕信任，后参加元老院共和派反对恺撒专制独裁的斗争。当恺撒发现暗杀团中有布鲁图后，遂以衣袍遮面不再抵抗，直至身中23刀身亡，这个过程始终是史学家争论的焦点。最广为人知的恺撒的遗言是："你也有份吗，布鲁图？" 但此说可能不尽正确。

布鲁图向罗马群众说明行刺的动机，后来自杀。据说他见到了恺撒的鬼魂。他曾留下一句名言："我爱恺撒，我更爱罗马。"

拉布吕耶尔

拉布吕耶尔(La Bruyere,Jean de,1645—1696)法国作家、哲学家、道德家,主要作品是讽刺性的《品格论》。他1645年生于巴黎中产阶级家庭,以继承的遗产买一官职。曾学过法律,1684年经博叙埃主教推荐当波旁公爵孙子的老师,后任公爵的侍从,获得小贵族身份。拉布吕耶尔独身到老,没有成家。平日除办理公务外,把全部时间都用在著书上。他写作《品格论》,秘不告人。1688年这部批评世道人心的书初版问世,引起人们广泛的注意。从1688到1696年,《品格论》重版9次,每次重版,他都增加新材料。第9版出书时,篇幅已经比初版增加了3倍。这部书使他树敌甚多,但也获得很好的声望。《品格论》,或译《人品论》,是拉布吕耶尔在路易十四王朝时期撰写的随笔集。这部书主要由两种文体组成:格言式的简短段落及典型人物的肖像。格言,精练、深刻,充分表现古典主义语言明朗清晰、简练精确的文风。肖像部分以真人真事为蓝本,但不用真实姓名。作者寥寥几笔,刻画出典型品格的典型人物,从而形象地批评某种时弊或某种"品格",一针见血,发人深省。《品格论》是法国文学史上一部划时代的散文名著,对后世影响甚大。

3

如果我们不能保守自己的秘密，又怎能奢望别人为我们守密呢？

4

懒汉在懒够了之后，为显示自己勤勉而催促他人时，比任何人都着急。

5

没有意识到朋友感情的变化，是我们友谊不深的证明。

6

国王像铸造钱币一样待人。他认为有多大价值，我们就不得不按照他的评估定价，而无法按照其真正价值来迎纳。

7

有些罪恶，因其影响巨大、数量众多、行为极端而变得无罪，甚至成为光荣。如此一来，那些公开盗窃就成了能干，无理的攻城略地则被称为征服。

8

人易于为自己的认知定一界限，但对自己的欲念和希望给出限制则太难了。

9

朋友死亡，我们感到遗憾，这并不是我们痛惜他们的才华，而是想到我们再也无法从中得到我们的所需，甚至再也听不到他们对我们的赞美。

10

人总喜欢猜测别人，但却不喜欢被人猜测。

11

依靠一整套异常严格的饮食规则来保持健康，本身就是一种令人厌烦的疾病。

12

在跟别人调情之后，人总是害怕见到自己的爱人。

13

能够坦然承认自己的缺陷，就意味着这些缺陷已经不再令我们感到痛苦了。

中世纪欧洲军队征战图

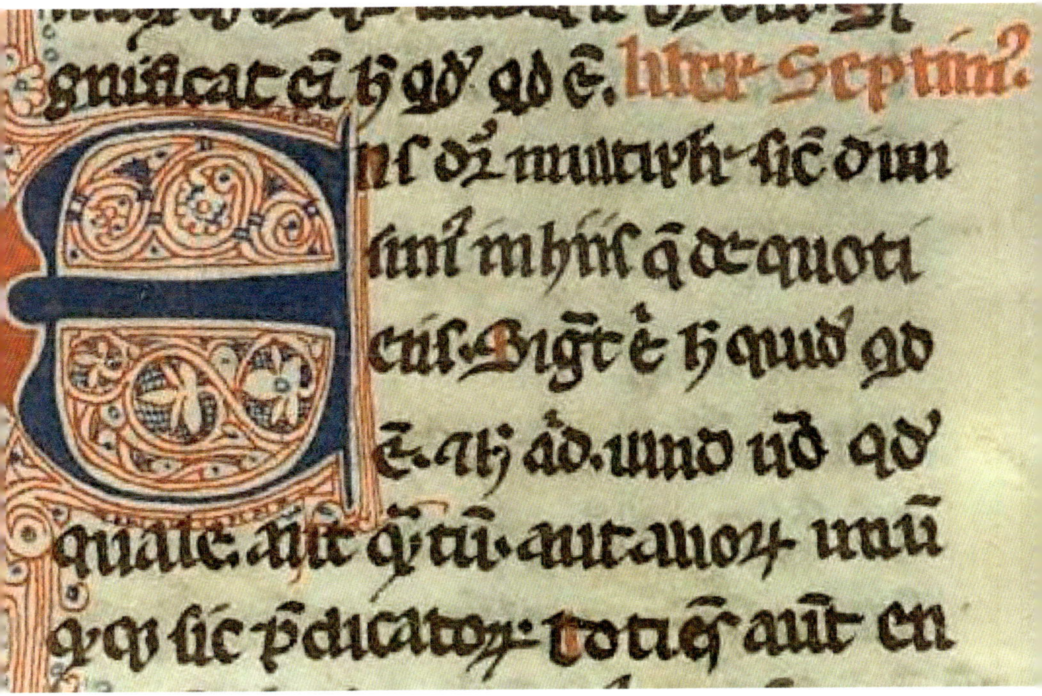

亚里士多德《形而上学》第七卷书影

《形而上学》创作于公元前4世纪，是古希腊哲学家亚里士多德创作的哲学著作，共14卷，集为1册。书中探讨了哲学对象和研究范围；对一些哲学术语做了释义；分析批判了以前的哲学家思想，重点批判了柏拉图的理念论；阐明了作者的实体、质料和形式等理论。它阐发了一种学说，这种学说有时称为智慧，有时称为“第一哲学”，其任务是描述实在的最普遍、最抽象的特征，以及普遍有效的原则。《形而上学》奠定了亚里士多德在哲学史上的地位。正是亚里士多德使“形而上学”这个名词成为哲学上的一个含义丰富的专有名词。形而上学已成为哲学的一个分支学科。其是对存在的研究。它亦被提出为是对科学以外、无形体、不可证明的事物的研究。马克思主义哲学观认为它是脱离实践的，用“孤立、静止的观点”观察事物的思维方式。马克思主义哲学认为用形而上学的观点看问题，势必导致唯心主义，原因是形而上学的孤立、静止、片面的观点不符合客观实际，并进而夸大主观的作用。

形而上学的主要问题包括：超自然世界的本原是什么、灵魂是否存在、自由意志等。形而上学在不同的语境下的意义，分两个方面，一个是指：用超验的思辨方式研究非客观或者无形世界的哲学体系，而非科学研究现实世界的现象及规律；另一个指的是：与辩证法对立的，用孤立、静止的观点观察世界的思维方式。

箴言录

遺下的箴言

1665年第一版之前创作的箴言

摘自利昂库尔的手稿

1

世界上最幸福的人是那些只需很少的东西就能够心满意足的人，那些大人物和野心家在这一点上可谓是最可怜的人，因为他们必须聚敛无数的东西才能感到幸福。

2

诡计只不过是一种可怜的精明而已。

3

哲学家们只是在我们对财富支配不当时才谴责财富。是否清清白白地获取财富，是否光明磊落地使用财富，这完全取决于我们自己。财富并不会像干柴增强火势那样滋生和增加罪恶；相反，如果我们用财富广施善事，财富将会变得更加可亲可爱，甚至光辉灿烂。

4

邻人的毁灭，令他的朋友和敌人都高兴。

5

虚荣之心形形色色，不可胜数。

6

我们之所以不太喜欢那些提示美德是虚伪的格言，是因为我们很容易相信，这些格言会在我们身上得到印证。

7

因为迟早会死，所以我们什么都怕。可是我们却什么都想要，好像自己永不会死。

8

人越理智，就越对自己的情感和癖好的荒唐、卑鄙、堕落而感到羞耻，这就雄辩地证明：创世之初的人和现在的人是不一样的。

9

上帝在人间安置了不同的人才，就像他在自然界中植下了不同的树木一样：每个人、每种树都有其特有的性质和成果。所以，在人世间，再好的梨树也不可能长出苹果，再优秀的人也不可能创造出与他人一模一样的成就。正因为如此，如果没有它特有的种子，要想创作出格言警句，就如同在没有埋下郁金香种子的花坛里盼望开出郁金香一样荒唐可笑。

人被创造之初和现在是不一样的。

10

无须因别人对我们隐瞒真相而恼怒，我们自己不是也经常隐瞒真相吗？

《拾穗》 米勒（1814—1875）绘

正午，阳光照耀，拾麦穗人的脚下投射出很短的影子。三个贫穷的农妇正在拾落穗。她们虽衣着简朴，但显得整齐利落，头上扎着毛巾，影子遮着眼部；衣服领子适当地在颈部敞开，想是为了凉快一点。拾穗这种习惯据说很早以前就有了，不论谁来拾落穗，农场主都不会表示反对。有关这种习惯，古代的犹太人曾有过非常严肃的宗教上的解释："你在你的农场收割的时候，不仅不能讨厌拾落穗的人，而且必须施给他自由拾落穗的权利。让贫穷的和旅途的人们拾落穗，这是你们的一项义务。"另外，有关这个习惯还有其他的解释："允许拾麦穗是为了孤儿寡妇。于是，主宰你的上帝将会给你的一切工作带来祝福。"这种风俗至今还在法国保留着。如果农场主拒绝人们在自己收割的农场上拾麦穗，那一定是碰上了灾年。在这里令人感兴趣的事情是：拾落穗的人通过长期养成的习惯，只在白天到地里拾落穗，据说从未出现过夜间偷盗小麦捆的人。

11

似乎是魔鬼故意把懒惰放在德行必至之处。

12

好之极致是恶；恶之极致是好。

13

指责别人容易，以此为鉴，改正自己的错误的人却极为罕见。

14

所遇之事，无论好坏，触及我们的，不仅取决于事件本身，更取决于我们自身的敏感度。

15

过于看重地位的人，其实并不欣赏这些地位的由来。

16

医治猜忌的药，就是确信你所忧之事是真的，有了这种确信，生命或爱情就因此终结。这的确是一剂猛药，但比猜忌还是温和得多。

17

要弄懂人与人之间相同之处与不同之处究竟有多大，是非常困难的。

18

人之所以如此强烈地反对这些揭露人内心的箴言，是因为他们害怕被揭露。

19

人只要有梦想并不懈地为之追求，就一定能心遂所愿。

20

人其实是非常可怜的：为满足自己的欲望，既要在它的折磨下呻吟，又要竭尽全力为之努力；既不能忍受欲望的强暴，又无力挣脱欲望的桎梏；人不仅厌恶自己的恶行，也厌恶医治恶行的良药；既无法忍受疾病的痛苦，也不能接受治病的疼痛。

21

上帝为了惩罚人类的原罪，允许人将自尊之心奉为神明，使其在生活的所有行动中始终受自尊之痛。

22

希望和忧虑密不可分：没有希望就没有忧虑，没有忧虑也就没有希望。

23

我们所爱之人对我们拥有的权力，几乎总是比我们对自己拥有的权力大。

《阿卡迪亚的牧人》 普桑（1594—1665）绘

普桑的绘画强调朴素庄重，反对华丽浮夸，提倡永恒、和谐、理性、宁静的艺术特色，为古典主义绘画艺术的发展奠定了基础，是法国古典主义的杰出代表。他的作品主要取材于神话、历史、宗教故事，讴歌了大自然和人性美。普桑倡导“崇高风格”，追求理想化的完美，始终把古希腊雕刻中的形象认作是非常崇高的表现形式。他的绘画风格对17世纪末期欧洲绘画和法国18世纪形成的学院主义产生了极大的影响，为后世古典主义风格的绘画奠定了基础。这幅著名的《阿卡迪亚的牧人》含义较晦涩，一直是美术史上的难解作品。“阿卡迪亚”，古代传说中世外桃源式的“乐土”。画上展现了宁静的旷野之地，和煦的阳光照在仅有几棵荒疏林木的墓地前；背景是明净的蓝天。四个牧人，头戴花冠，各拿牧杖，围在墓碑前研读着铭文。连腮胡须的牧人跪着读碑上铭文，回过头来向右侧的女牧人说着什么，石上的拉丁铭文是:“即使在阿卡迪亚也有我。”美术史家解释,这里的“我”,指“死神”。铭文的意思似乎是说：“在美好的乐土,死也不可避免。”这是“风光虽好,人生苦短”的感叹。从左侧伏在墓顶上的牧人的表情看,他低着头,似有缅怀之情,与左边站立着的女牧人形成对比。女牧人身着黄衣蓝裙,是全画最跳凸的色彩。这个女性形象令人猜想,据说,她是美好人生的象征。她虽含颌垂首,默默倾听着铭文,却给人以抚慰感。疑虑与抚慰，惆怅与哀思，围绕着人生的哲理问题，让人思索。女牧人与男牧人构成了形象化的情绪对比。隐隐地在向观者表白：“死何足惧？阿卡迪亚毕竟是世人的向往之地。”这种非现实的牧歌式悲凉情调，一定程度上表露了画家当时的处境与对艺术的憧憬。画上人物的服饰都是仿效希腊雕刻风格的。画家始终把这种形象视为艺术的崇高表现。此画作于1638—1639年（一说1636年），现藏巴黎卢浮宫。

24

我们非常容易相信别人有缺点，因为我们希望如此，并且确信如此。

蒂雷纳子爵（1611—1675），法国元帅。在德意志30年战争中，法国在首相红衣主教黎塞留的领导下向神圣罗马帝国和西班牙宣战。蒂雷纳在红衣主教瓦勒泰手下任职，1637年晋升为中将军衔，1643 年蒂雷纳获得法国元帅权杖。在他的指挥下大败神圣罗马帝国军队，并签订了威斯特法里亚条约，结束了德意志30年战争。

在投石党战争中，最初蒂雷纳和孔代亲王都是反政府的投石党人。法国内战爆发后，孔代亲王作为投石党的领袖，被首相马萨林逮捕投入监狱。蒂雷纳则逃亡荷兰，跟法国的敌人西班牙合作，带领一支西班牙军队进攻法国，但被法国的杜普莱西斯公爵击败。1651 年，马萨林去职，孔代被释放，蒂雷纳也回到法国，第一次投石党内战结束。

不久第二次投石党战争爆发，蒂雷纳这次作为流亡的法国国王和王太后的支持者与投石党首领孔代亲王作战，并击败孔代亲王和西班牙联军。西班牙被迫和法国签订比利牛斯和约。在和约中，西班牙除了割让领土之外，还将年幼的西班牙公主玛丽·特雷萨嫁给20岁的法王路易十四。1660年，蒂雷纳受封“国王陛下的陆军大元帅”荣誉头衔。1675年在萨斯巴赫与神圣罗马帝国军队作战时被炮弹击中阵亡，葬在巴黎圣·迪尼斯国王墓地里。两百年后，拿破仑出于崇敬，把他的遗体迁葬到巴黎残废军人院。

25

利益是自爱的灵魂，因此，如同被夺去灵魂的身体，不能看、无法听、没有意识、没有感觉、无法行动。自爱如果同利益脱离，也同样不能看、无法听、没有意识、没有知觉、无法行动。于是，人为自己的利益能跑遍天涯海角，为他人的利益则变得寸步难移；我们谈论自己的事情时，听的人无精打采、昏昏欲睡，但当我们叙述与他们有关的话题时，他们就会立刻精神起来。因此，我们发现：在与人交谈时，在同一时刻，同样一个人，一会儿神不守舍，一会儿聚精会神，毫无疑问，这都与自身利益有关。

马克思的出生地，德国的特里尔布吕肯（Bruecken）大街10号

卡尔·马克思，全名：卡尔·海因里希·马克思（Karl Heinrich Marx，1818年5月5日—1883年3月14日），马克思主义的创始人之一，第一国际的组织者和领导者，马克思主义政党的缔造者，全世界无产阶级和劳动人民的革命导师，无产阶级的精神领袖，国际共产主义运动的开创者。

马克思是德国伟大的思想家、政治学家、哲学家、经济学家、革命理论家和社会学家。主要著作有《资本论》《共产党宣言》等。马克思创立的广为人知的哲学思想为历史唯物主义，其最大的愿望是对于个人的全面而自由的发展。马克思创立了伟大的经济理论。他的极其伟大的著作是《资本论》，马克思确立他的阐述原则是“政治经济学批判”。马克思认为，这是“政治经济学原理”的东西，这是“精髓”，后人可以在这个基础上继续去研究。

马克思认为资产阶级的灭亡和无产阶级的胜利是不可避免的。他和恩格斯共同创立的马克思主义学说，被认为是指引全世界劳动人民为实现社会主义和共产主义伟大理想而进行斗争的理论武器和行动指南。

摘自 1663 年的手抄本

如果从我们称之为力量的东西中去掉拥有的欲望和丧失的忧虑，这种力量就所剩无几了。

摘自1664年荷兰版

1

不拘礼节是思想自由的一种表现，它甚至成为日常生活中诸多清规戒律的缓冲剂，使得我们能够轻松随意地生活。这是自爱之心的作用，为使这一切适应我们的弱点，就让我们摆脱那些美德强加在我们身上的束缚吧，为了获得自由的生活，这些束缚人的美德已经蜕变成了劣行。女人因为天性柔弱，更容易陷入其中，因而失去更多。性别优势的消失，人们对她的尊重随之减少，可以说，正派女人因此失去了很多权利。

2

开玩笑能使精神愉悦，使交谈轻松活泼，关系和谐，甚至能增进感情，但是如果感情不是很融洽，则会使关系恶化。玩笑对开玩笑的人而言较为有利，对被开玩笑的人却并非如此。这是虚荣心引发的思想的较量，因而那些经不起玩笑的人，那些提起自己缺点就脸红的人，常常会被玩笑所激怒，就像被心服口服的失败所激怒一样，会令他们心有不甘。这是烈性毒药，它将毁灭友谊，引发仇恨。然而，妙趣横生的机智话语和巧舌如簧的奉承，却能获得、保持友谊。总而言之，对朋友、对性情软弱之人，玩笑应适可而止。

1666 年第二版与 1671 年第三版之间创作的箴言

《人生三阶段》 弗朗索瓦·帕斯卡尔·西蒙（1770—1837）绘

《人生三阶段》，1806 年弗朗索瓦·帕斯卡尔·西蒙绘。法国国王路易·菲利普（1773—1850）是首位收藏此画的人。画面呈现出尼古拉斯·普桑（1594—1665）式的田园诗般的风光，画家通过具体形象表现出人生历程的三个阶段，历经两百余年依然生动。人类的暮年通过老人的形象表现出来；壮年则是充满阳刚的青年；童年的形象是熟睡的孩子，画面的中心是头戴花环的女人，她把人生的三个阶段串联在一起。

摘自 1667 年信函第 43 号

1

欲念不过是自爱的借口而已。

2

极端的无聊可以消除无聊。

3

当赞扬和谴责成为时尚的时候，遇事就赞扬，逢人就谴责便流行起来。

摘自阿尔塞纳尔的第 6041 号手稿

1

我们的行为表现更多的是以命运喜欢的样式出现，而很少以真实的面目呈现。

2

若想报复仇人，那么为他们做好事有时比故意伤害他们更有效。

1671 年第三版与 1675 年第四版之间创作的箴言

摘自信函第 44 号

为说话而说话，是很难正确表达思想的。

《仙女的舞蹈》 柯罗绘于 1850 年

这幅画描绘了美丽的春天的早晨，地点在阿勃雷伊别墅附近。那里有天然大树，到处是浓郁的绿荫，轻风吹动树叶，有着无穷的魅力。天空如蓝宝石淡淡涂上了优雅的玫瑰色，银色断续的薄云点缀在空中。越过山丘，后边连接着阿勃雷伊别墅。远处，法国美丽的丘陵蜿蜒起伏。三个美丽的仙女翩翩起舞。色彩花香交织。林中跳舞的仙女的左侧树阴深处，有两个坐着的身影，离她们不远还有一个牧人，他右手高高举起，祝福这美好的早晨。前景右侧，四个跳舞的仙女围着一个刚从梦中醒来的牧人。这一切在宛若浮雕的清晨日光沐浴下美丽万分。从羊齿叶树阴中走出的两个仙女，一个催促着另一个尚在梦中的伙伴。朝霞轻染天空、绿树和摇曳的光线，与仙女们的运动，构成了一曲象征着生命、希望和幸福的交响乐。

1693 年的“补充箴言”

《意外看到维纳斯与三位美神而吃惊的凡人》 雅克·布朗夏尔（1600—1638）绘

17 世纪初叶的法国绘画呈现出丰富多彩的风格。绝大多数画家从意大利诸画派的艺术中汲取营养，也有人对北欧尼德兰的写实传统发生兴趣，有的画家兼收并蓄地学习他国的优秀传统，如本图的画家。布朗夏尔被意大利人誉为“法国的提香”，从他喜用亮闪闪的桃红色和肉色调子来看，他更像鲁本斯，而不是提香。

1

很多人愿意虔诚，但绝没有人甘愿低声下气。

2

体力劳动能使人摆脱精神之苦，这正是穷人幸福的原因。

3

真正的苦修是不为人知的苦修，其他苦修因虚荣心的缘故变得轻松容易多了。

4

谦卑是祭坛，上帝要求我们把牺牲奉献其上。

5

智者所需甚少，愚人贪欲无边，这正是众人不幸之原因。

6

使我们焦虑不安的，不是如何使我们自己幸福，而是如何才能让别人相信我们是幸福的。

7

根除第一次欲望容易，要满足随之而来的欲望却很难。

8

智慧之于心灵，如同健康之于身体。

9

巨大的财富，既不能使人身体健康，也无法使人灵魂安宁，并且它总让我们不断地付出，而回报却很少。

10

强烈地想得到一件东西之前，应该调查一下，拥有它的人是否幸福。

11

真正的朋友是最大的财富，却是人们最少渴望获取的财富。

12

情人只在对方如痴如醉的魅力消失之后，才看到对方的缺点。

13

理智产生不了爱情，爱情也造就不了理智，理智与爱情呈反比增长。

14

一个男人拥有妒妇有时是件惬意之事：他总是可以听到他所爱之人的消息。

《海神的凯旋》 普桑（1594—1665）绘

此画是应法国红衣大主教黎塞留的委托而作的一幅杰作，作于1635—1636年间，现藏于美国费城美术博物馆。

海神波塞冬（罗马神话称“尼普顿”）是宙斯的哥哥，是克洛诺斯和瑞亚所生的儿子。他的儿女则是海上诸怪或英雄们：特里同、阿密科斯、安泰俄斯、斯喀戎、俄托斯、厄菲阿尔忒斯、独眼巨人波吕斐摩斯等。他与妻子安菲特里忒住在海底的宫殿里，常到海面巡视。巡视时，手执三叉戟，驾着马拉车子，驰骋于大海上。他能呼风唤雨，引起地震。神话说他是马的创造者，被养马界尊为保护神。

这里画的是海神从宙斯那里分得海域，把地方海神涅柔斯、俄刻阿诺斯、普洛透斯等排挤到次要地位，得胜而归的情景。海神右手执三叉戟，左手驾着金鬃铜蹄马车飞驰着，画面的中央是妻子安菲特里忒和众女神们驾驶着由海豚牵引的贝形船。图右有两个裸体（其中一个被海怪背着），都是波塞冬追逐的爱情对象，其中有得墨忒耳、女妖戈耳工之一梅杜萨。为了加强神话气氛，画家又添了许多飞翔在天际的小天使形象。

15

一个女人，她既要爱情，又讲贞操，是值得同情的。

16

聪明人获利，置身是非之外比卷入是非之中更易于成功。

17

研究人比研究书本更重要。

18

幸福总是降临幸福之人，灾祸总是袭击倒霉之鬼。

19

人自责只是为了得到赞扬。

20

没有什么比相信被人爱更为自然，也更为自欺的事了。

21

我们更乐意看到那些我们帮助过的人，而不太愿意看到帮助过我们的人。

《诗人的灵感》 普桑（1594—1665）绘

这幅画描绘的是阿波罗在启发诗人的灵感。画构图严谨，人物关系有序，风景被简略为疏密有致的三棵树干，衬托出主体人物阿波罗这一行动的庄严隆重。

年轻健美的阿波罗侧身坐在中央，扶着竖琴正在向年轻诗人口授指点；诗人手持记录稿本，因为初涉诗坛而不敢正视阿波罗，他举目仰望上天，这神态在古代造型中标志着一种崇高力量。在阿波罗的背后站着具有雕刻般造型的古典美貌的女神，她是九个缪斯女神中地位最高、最被推崇的卡丽奥波。她衣带轻盈，姿态优雅，与诗人对称呼应地立在阿波罗身旁，为诗灵感的源泉。这种高尚的立意使普桑这幅早期作品呈现出古典主义真谛。人物的面部平静端庄，普桑使情感转化为理智，体现出对理性主宰一切的坚定信心。

画中人物都戴月桂枝编织的桂冠，小天使正在给诗人戴上，桂冠是从河神的女儿达芙妮因拒绝阿波罗求爱而变成的月桂树上取下的枝条编成的，取得艺术成就的人才能获得。画家并不在意画面情节和人物关系的内在联系，每个人物的动作姿态在画面上都具有相对独立的意义，总体构图上保持严谨、统一和完美。

22

掩饰情感比假装感动更难。

23

重新恢复的友谊比没有中断过的友谊更需要精心的呵护。

24

一个不喜欢任何人的人，比一个不讨任何人喜欢的人更为不幸。

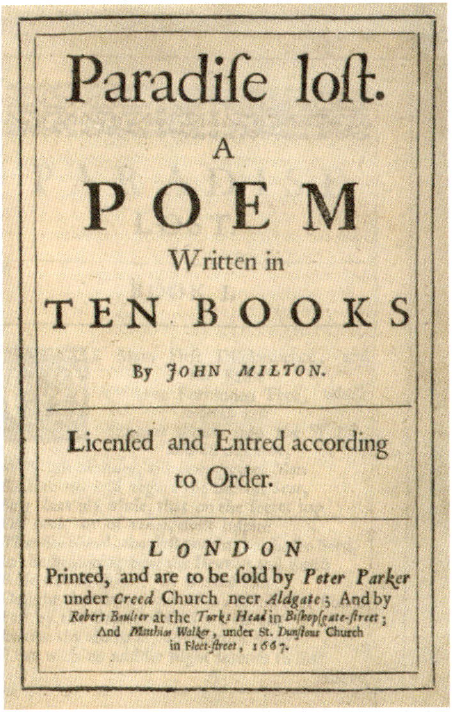

Paradiſe loſt.

A

POEM

Written in

TEN BOOKS

By *JOHN MILTON.*

Licenſed and Entred according to Order.

LONDON

Printed, and are to be ſold by *Peter Parker* under *Creed* Church neer *Aldgate*; And by *Robert Boulter* at the *Turks Head* in *Biſhopſgate-ſtreet*; And *Matthias Walker*, under St. *Dunſtons* Church in *Fleet-ſtreet*, 1667.

《失乐园》1667 年第一版封面标题页

《失乐园》是英国政治家、学者约翰·弥尔顿创作的史诗。《失乐园》讲述诗中叛逆之神撒旦，因为反抗上帝的权威被打入地狱，却毫不屈服，为复仇寻至伊甸园。亚当与夏娃受被撒旦附身的蛇的引诱，偷吃了上帝明令禁吃的知识树上的果子。最终，撒旦及其同伙遭谴全变成了蛇，亚当与夏娃被逐出了伊甸园。

《失乐园》说明人类从不识不知的原始社会进入生产劳动的文明社会，必须依靠知识和劳动。同时，宇宙间本身就有正反相对、相互矛盾的两种势力存在，人类历史上也反复出现过变革、斗争的流血事件，出现过失乐园的悲剧。

约翰·弥尔顿《失乐园》与荷马的《荷马史诗》、阿利盖利·但丁的《神曲》并称为西方三大史诗。

勒布伦夫人是画家的女儿，她最初的绘画老师是她的父亲。这位天才的艺术家在不足15岁时即举办个人画展，在整个巴黎博得好评。她的容貌和睿智，她的精美绘画，将全欧洲的美与高贵都集中到她的画室之中。当时的皇帝、女王，皆可算作她的私人朋友。继而她正式受聘，获得拿破仑宫廷画家的位置。然而这位佳人却避免不了红颜薄命的命运，那就是她的婚姻。丈夫不能理解她的天才、不支持她的事业，轻易践踏她的荣誉，是个可怜的男人。不仅如此，还因为她属于贵族阶级而对她抱有极度的憎恨和怀疑。危险在向她迫近，由于生命不断受到威胁，她最终不得不逃离故乡。

勒布伦夫人很早就想描绘自己和女儿的肖像，当她得知自己最终不得不离开故乡时，便着手创作这幅构思已久的画，这是她逃亡之前不久的事。但从这幅出色的作品上，谁也看不出这对母女的表情中有逃命的痛苦、悲哀的迹象，反而被她们脸上洋溢着的幸福与令人陶醉的信任所感动。

画中勒布伦夫人的衣服是柔软洁白的细布，腰间系着暗红色的围腰，与头上红色的发带妙相辉映；她们坐在绿色的沙发上，小姑娘的衣服是淡蓝色，二人皆是希腊风格的装束，这是拿破仑时代宫廷妇女的通常打扮。其色彩与线条的妙处，具有生命力的新鲜感，无有出其右者。母亲与女儿的轮廓线构成三角形，居于画面的中央，这很容易吸引欣赏者的注意力，具有特殊的效果。这幅画以表现母爱为第一目的，应当看到：母亲那可以献出一切的爱与女儿的爱紧紧连结在一起，在作品中得到了充分的体现。

同时代的人所提供的箴言

《勒布伦夫人和她的女儿》 勒布伦夫人（1755—1842）绘

法兰西绘画之父——尼古拉斯·普桑的《随着时间之神的音乐起舞》

《随着时间之神的音乐起舞》(dance to the music of time)是尼古拉斯·普桑(Nicolas Poussin 1594—1665)受后来成为教皇克莱门特九世的卡迪纳尔·吉乌里奥·罗斯庇利奥西(1600—1669)的委托而创作的。此人身为哲学家兼剧作家，是普桑作品的崇拜者和收藏家。此油画作于1638年，82.5厘米X104厘米，布面油画，现藏于伦敦华莱士珍藏馆。

这是一幅构图精确，技巧严谨的杰作，给我们带来了理智上的信息或迷惑，它是对时间、命运和人类生存状况的概括性论述，诉诸观者的是理性而非情感。画以寓意性表现和几何学相协调的象征性构图，将立意表现为具体的形式。圆舞表示永恒的人生循环，舞者各自具有寓意性作用。

远景是黎明，太阳神阿波罗乘着凯旋车在他的妹妹曙光女神奥罗拉的导引下前进。她驱散黑夜的乌云,开启黎明之门，一路飞翔，“玫瑰色的手指”一路洒下鲜花。跟随其后的是时序女神，她们掌管着四季，跳着永恒之舞，与前景的舞者遥相呼应。

画的中央是由四人组成的圆舞，他们代表四个阶段组成的命运之轮，组成周而复始的轮回。人们终其一生都要如此这般走过这一回。表示时间变幻的各种要素配置在舞者周围。每个人的投入都表情专注，尽情舞着，展示出的美与和谐令人感叹。

四个寓言性的人物是：财富、快乐、勤

奋、贫穷。作品邀请讨论这四个人物代表的意义，他们跟背景上其他象征物之间的含义。

最右边赤足的舞者，代表“贫穷”或者说“一无所有”，她头上简单地缠着头巾，试着接触“财富”那难以捉摸的手。“勤奋”背对画面，头带桂冠，桂冠是美德与胜利的象征。他的眼睛紧盯着“财富”。“财富”在“贫穷”的右边，画的正面，穿着金凉鞋，头上盘的发辫里编进了珍珠。穿着银凉鞋的“快乐”紧拉着“财富”的手，“快乐”带着玫瑰花环，双颊粉红，眼光流转，面含微笑。“财富”看上去似乎没法肯定是否要拉上“贫穷”的手。“财富”“快乐”是穿鞋的，“勤奋”和“贫穷”是光脚的。画中充满了永恒和短暂对立的形象。

石柱上两面神雅努斯（Janus），装饰着只能艳丽一时的鲜花。古罗马雅努斯神拥有两张脸孔，同时看两个方向。年老的面孔看过去、年轻的面孔看未来。古罗马人在店铺开张或一个新的循环，如新的一个月开始时，都要祈求他的祝福。一年之首的一月（January）就是以这位两面神雅努斯的名字命名的。

雅努斯的下方是一个裸童，沉醉于吹水泡。这里的水泡影射一个拉丁文成语“homo bulla”，意为“人生如泡影”，象征人生的短暂。人生像水泡昙花一现，留下来的最多不过是一丝记忆。

长着双翅、留着胡须、为舞者抚奏竖琴弹奏音乐的“时间老人”，旁边的裸童手执沙漏，时光在其中流泻。他的出现暗示一个无可逃避的事实：在整个人生之舞中，死亡总是如影随形。死亡在人类所有的活动和关系中存在着。裸体婴儿是对“时间老人”现象的补充。他的沙漏表示时间的流失，沙漏上半部分的沙子比下半部分多，舞蹈还要持续一段时间。

四人组成的圆舞成为画的主题，表时间变幻的四季，隐喻循环往复的人生，给观者理性的提示，我们从赤体来到世上，一无所有，逐渐成为强壮的人，为生存、为理想，不断拼搏，或物质的或精神的，经过时间丰富了我们的人生，使我们成为“富裕”的人。

这是一幅精确构图和准确使用技巧的杰作。普桑所有的作品里，都隐含着复杂但完全合理的、精心设计的几何结构。欣赏他的作品的乐趣之一就是发现这种潜在的几何结构。在这幅画里，舞者的环形运动被放置在一个三角形内。

普桑是古典主义的著名代表，作品很难见到洋溢的激情，常常在宁静、肃穆、理性的气氛中蕴含着哲学意味。

1

可怜的人啊，谁不是权力的奴隶?

2

诚信是立国之本，但这一点并没有被普遍遵循。

《沉思录全集》第11版　文爱艺　译

跋

跋

文爱艺

人心如海！

活着，我们只有泅渡，而且必须泅渡。我们置身其中，并不是为了欣赏心海波澜的险恶，而是为了领略置身其中的壮美。

一切阴谋诡计，不过是不良心术的小伎俩，不足折腰；坦然真诚，才是人生的大美。

大美无言，一切尽在自然的节律之中。

《箴言录》，是我在同等篇幅的文稿中，耗费时间和精力最多的一部，因为它不仅让我沉思，更令我神飞文稿之外。

如何在有限的一生中，尽显生命之美？如何在生存里，展现人心之善？又如何在险象环生的氛围内，坦然真诚？

思考其中，领悟其中，展示其中……我们从中获取的应是生存的力量和勇气，感悟的应是真之可贵，领会的应该是善之美。

否则，我劳精费神地译它，干什么？

2006年3月1日草于襄樊市襄城区檀溪路15号

2018年5月22日第9版重修于襄阳

2018年5月28日第9版又改于上海

2018年5月29日第9版再改于苏州

2018年6月14日第9版定稿于苏州

文爱艺，当代著名作家、诗人、翻译家，中国作家协会会员。生于湖北省襄阳市，从小精读古典诗词，十四岁开始发表作品。

著有《春祭》、《梦裙》（2版）、《夜夜秋雨》（2版）、《太阳花》（9版）、《寂寞花》（4版）、《雨中花》（2001—2002）、《病玫瑰》（2003—2004）、《温柔》、《独坐爱情之外》、《梦的岸边》、《流逝在花朵里的记忆》、《生命的花朵》、《长满翅膀的月亮》、《伴月星》、《一帘梦》、《雪花的心情》、《来不及摇醒的美丽》、《成群结队的梦》、《我的灵魂是火焰·文爱艺抒情诗选集》（1976—2000）、《像心一样敞开的花朵·文爱艺散文诗选集》（1976—2000）、《玫瑰花园》、《文爱艺诗歌精品赏析集》（全三卷）、《文爱艺抒情诗集（全三册）——追逐彩蝶·断桥边的红莲·白雪唤醒的纯洁·典藏本赏析版》、《文爱艺抒情诗集》、《文爱艺散文诗集》、《文爱艺爱情诗集》（12版·插图本）、《文爱艺诗集》（12版·插图本）、《文爱艺诗集·第62部·夜歌》、《文爱艺诗集·第63部·彼岸花》、《文爱艺诗集·第64部·青春》、《文爱艺全集》（诗1—4卷·数字版）等60多部诗集，深受读者喜爱，再版不断。

部分作品被译成英、法、俄、日、阿拉伯、世界语等文。现主要致力于系列小说的创作。

译有《勃朗宁夫人十四行爱情诗集》（插图本）、《亚当夏娃日记》（10版·插图本）、《柔波集》（2版·插图本）、《恶之花》（13版·全译本·赏析版·插图本）、《风中之心》、《奢侈品之战》、《沉思录》（8版·插图本）、《箴言录》（8版·插图本）、《思想录》（插图本）、《古埃及亡灵书》（2版·灵魂之书·插图本）、《小王子》（5版·插图本）、《一个孩子的诗园》（9版·插图本）、《天真之歌》（插图本）、《经验之歌》（插图本）、《亚瑟王传奇》（2版·插图本）、《墓畔挽歌》（2版·插图本）、《老人与海》（3版·插图本）、《培根随笔全集》、《共产党宣言》等经典名著及其他著作。

编著有《离骚》、《天问》、《九歌》、《九章》、《九辩》、《兰亭集》（2版·插图本）、《绝句》、《花之魂》、《中国古代风俗百图》（2版·插图本）、《道德经》、《金刚经》、《心经》、《茶经》、《酒经》、《草书/元·鲜于枢书唐诗》、《行书／宋·米芾书天马赋》、《诗二十四品》、《孟浩然全集》、《陈子昂全集》、《中国时间》、《中国病人》、《静心录》、《净心录》、《洗冤集录》；《经典书库》、《新诗金库》、《品质书库》、《品质诗库》等书。

另出版有《当代寓言大观》（4卷）、《当代寓言名家名作》（9卷）、《当代寓言金库》（10卷）、《开启儿童智慧的100个当代寓言故事》等少儿读物。

所著、译、编图书，连获2015年（首届）、2016年及2018年“海峡两岸十大最美图书”奖，连获2011年、2012年、2013年及2015年、2016年、2017年、2018年，共11部“中国最美图书”奖，《文爱艺爱情诗集》（第9版）再获2019年深圳环球设计大奖视觉传达类金奖，《文爱艺爱情诗集》（第10版）再获2017年台湾金点大奖、美国2018年NY TDC 64 TDC Communication Design Winners大奖，《文爱艺诗集·第62部·夜歌》获美国2018年ONE SHOW DESIGN

文爱艺2018年在厦门 （摄影）王亚林

优异奖、2019年深圳环球设计大奖视觉传达类优异奖、2019年第六十五届美国Certificate of Typographic Excellence年度优异奖。

《文爱艺诗集》获“世界最美图书”奖。

共出版著述200余部。